人 工 智 能 应 用 丛 书

全国高等院校人工智能系列"十三五"规划教材

人工智能导论

实验

RENGONG ZHINENG DAOLUN SHIYAN

余 萍 主 编

顾艳华　副主编

中国铁道出版社有限公司

CHINA RAILWAY PUBLISHING HOUSE CO., LTD.

内 容 简 介

本书是"人工智能导论"课程的辅助实验性教材,配合主教材《人工智能导论》(徐洁磐编著,中国铁道出版社有限公司出版)一起使用。全书共 5 章:其中,第 1 章主要对实验平台进行介绍,第 2 ~ 4 章主要对平台的工具进行介绍,如 Python、Numpy、TensorFlow、PyTorch 等,第 5 章主要介绍与人工智能相关的 11 个实验,如人工神经网络、决策树、深度学习、计算机视觉等。

本书坚持操作性、解释性、趣味性的编写原则,旨在通过实验操作实现对理论知识的进一步认知与理解,调动起读者对人工智能应用的兴趣,提高学习积极性,调剂理论课程的枯燥性。

本书适合作为高等院校人工智能、计算机类专业及相关专业"人工智能"实验课程的教材及相关培训用教材,也可作为人工智能应用、开发人员的基础操作实践参考书籍。

图书在版编目(CIP)数据

人工智能导论实验/余萍主编 . —北京:中国铁道出版社
有限公司,2020. 5(2024. 8 重印)
(人工智能应用丛书)
全国高等院校人工智能系列"十三五"规划教材
ISBN 978-7-113-26751-3

Ⅰ. ①人… Ⅱ. ①余… Ⅲ. ①人工智能-高等学校-教材
Ⅳ. ①TP18

中国版本图书馆 CIP 数据核字(2020)第 064180 号

书　　名:人工智能导论实验
作　　者:余　萍

策　　划:周海燕　　　　　　　　　　　编辑部电话:(010)51873202
责任编辑:周海燕　卢　笛　刘丽丽
封面设计:穆　丽
责任校对:张玉华
责任印制:樊启鹏

出版发行:中国铁道出版社有限公司(100054,北京市西城区右安门西街 8 号)
网　　址:https://www.tdpress.com/51eds/
印　　刷:北京盛通印刷股份有限公司
版　　次:2020 年 5 月第 1 版　2024 年 8 月第 3 次印刷
开　　本:787 mm×1 092 mm　1/16　印张:8.75　字数:154 千
书　　号:ISBN 978-7-113-26751-3
定　　价:34.00 元

编委会

序　言

自 2016 年 AlphaGo 问世以来,全球掀起了人工智能的高潮,人工智能学科也进入第三次发展时期。由于它的技术先进性与应用性,人工智能在我国也迅速发展,党和政府高度重视,2017 年 10 月 24 日习近平总书记在中国共产党第十九次全国代表大会报告中明确提出要发展人工智能产业与应用。此后,多次对发展人工智能做出重要指示。人工智能已列入我国战略性发展学科中,并在众多学科发展中起到"头雁"的作用。

人工智能作为科技领域最具代表性的应用技术,在我国已取得了重大的进展,在人脸识别、自动驾驶汽车、机器翻译、智能机器人、智能客服等多个应用领域取得突破性进展,这标志着新的人工智能时代已经来临。

由于人工智能应用是人工智能生存与发展的根本,习近平总书记指出:人工智能必须"以产业应用为目标",其方法是:"要促进人工智能和实体经济深度融合"及"跨界融合"等。这说明应用在人工智能发展中的重要性。

为了响应党和政府的号召,发展新兴产业,同时满足读者对人工智能及其应用的认识需要,中国铁道出版社有限公司组织并推出以介绍人工智能应用为主的"人工智能应用丛书"。本丛书以"应用为驱动,应用带动理论,反映最新发展趋势"作为编写方针,务实、创新,在内容编排上努力将理论与实践相结合,尽可能反映人工智能领域的最新发展;在内容表达上力求由浅入深、通俗易懂;在形式和体例上力求科学、合理、严密、完整,具有较强的系统性和实用性。

"人工智能应用丛书"自 2017 年开始问世至今已有两年有余,已出版和正在出版的有 12 本,正在组织编写即将出版的还有 10 余本。

本丛书自出版发行以来广受欢迎,为进一步满足读者的要求,丛书编委会在 2019 年组织了两次大型活动,即于 2019 年 1 月在上海召开了丛书发布会与人工智能应用技术研讨会,同年 8 月在北京举办了人工智能应用技术宣讲与培训班。

2019 年是关键性的一年,随着人工智能研究、产业与应用的迅速发展,人工智能人才培养已迫在眉睫,一批新的人工智能专业已经上马,教育部已于 2018 年批准 35 所高校开设工智能专业,同时有 78 个与人工智能应用相关的智能机器人专业,以及 128 个智能医学、智能交通等跨界融合型应用专业也相继招生,在 2019 年教育部又批准 178 个人工智能专业,同时还批准了多个人工智能应用相关专业,如智能制造专业、智能芯片技术专业等。人工智能及相关应用人才的培养在教育领域已掀起高潮。

面对这种形势,在设立专业的同时,迫切需要继续深入探讨相关的课程设置,教材编写,也成当务之急,因此中国铁道出版社有限公司在原有应用丛书基础上,又策划组织了"全国高等院校人工智能系列'十三五'规划教材",以组织编写人工智能应用型专业教材为主。

这两套丛书均以"人工智能应用"为目标,采用两块牌子一个班子方式,建立统一的"丛书编委会",即两套丛书一个编委会。

这两套丛书适合人工智能产品开发和应用人员阅读,也可作为高等院校计算机专业、人工智能等相关专业的教材及教学参考材料,还可供对人工智能领域感兴趣的读者阅读。

丛书在出版过程中得到了人工智能领域、计算机领域以及其他多个领域很多专家的支持和指导,同时也得到了广大读者的支持,在此一并致谢。

人工智能是一个日新月异、不断发展的领域,许多理论与应用问题尚在探索和研究之中,观点的不同、体系的差异在所难免,如有不当之处,恳请专家及读者批评指正。

"人工智能应用丛书"编委会

"全国高等院校人工智能系列'十三五'规划教材"编委会

2019 年 12 月

前　言

近些年人工智能学科发展火热,这将对整个社会的发展带来根本性的改变。当前人工智能已经开始渗透到各行各业,改变着人们的工作和生活方式,如车辆识别、行人检测、自动分拣、故障预警、手术机器人、辅助诊断等。

人工智能技术在快速发展的同时,也遇到了最大的障碍,即人才短缺。根据市场统计,国内人工智能领域专业技术人才缺口数达到 500 万。鉴于此,国家和地方陆续颁发了各项政策来推动高校人工智能人才的培养。2018 年,教育部已批准 35 所本科高校开设了人工智能专业,教育部已批准 385 个人工智能专业。2020 年高职院校也将开设人工智能技术服务专业。

这种形势下,迫切需要适应当前发展要求的人工智能基础性教材,包括理论与实验两方面,以帮助读者全面、深入地理解人工智能相关理论知识与开发应用操作,敲开人工智能学习的大门。2019 年,徐洁磐编著的《人工智能导论》教材已在中国铁道出版社有限公司出版。为此,我们编写了《人工智能导论实验》来配合使用。本书是从开发应用操作角度出发而编写的实验性教材,它与理论性教材相配合,使人工智能导论的理论性与实验性进行有机结合,为人工智能的学习打下坚实的基础。

人工智能的实验性教材与计算机实验性教材有所不同,它需要有一个完整的实验平台。这主要是由于人工智能的实验需要有特殊的基础平台、专用的程序设计语言、专用的知识库、多种专用算法工具以及大量的数据包来支撑。

本书以南京飞灵智能科技有限公司开发的 Feeling AI Lab-Intro 为实验平台,共安排 11 个实验,22 个例题,组成实验的全部环境。

本书特点

(1)本书是一本人工智能导论的实验性教材,可与市面上的大部分《人工智能导论》教材相匹配,内容难度适中,可以让读者全面掌握人工智能主要开发工具的应用性操作。

(2)书中采用了适用于人工智能开发的 Python 程序设计语言,以及人工智能领域最流行的开源工具(如 TensorFlow、PyTorch 等)、算法(如决策树、关联学习等),讲解了专家系统工具 Prolog、搜索空间等相关知识,还提供了实验所需的大量数据包。

（3）书中实验可直接在人工智能教学实验平台——Feeling AI Lab-Intro（私有云、公有云）上成功运行，这避免了复杂的环境配置，降低了人工智能学习的门槛。

（4）本书出版后，一个"人工智能导论"课程的完整体系也就构建完成了，它包括：

➢"人工智能导论"课程理论教材——《人工智能导论》（徐洁磐编著，中国铁道出版社有限公司出版）。

➢"人工智能导论"课程实验教材——《人工智能导论实验》（余萍主编，中国铁道出版社有限公司出版）。

➢"人工智能导论"课程实验平台——Feeling AI Lab-Intro（南京飞灵智能科技有限公司开发）。

本书结构

全书内容按照自下而上的顺序介绍基础平台、基本程序设计语言、基本 AI 开发工具、数据包与实验等若干部分，组成的整体架构图如下：

根据整体架构图，本书分为平台与实验两部分，共 5 章内容。

第 1 章实验平台，介绍如何利用人工智能教学实验平台——Feeling AI Lab-Intro 快速创建 AI 开发环境，从而省去复杂的环境搭建环节，有效降低读者学习人工智能的门槛。

第 2 章 Python 程序设计及机器学习软件包，包含 Python、Numpy、Pandas 和 Matplotlib 等软件包的基础知识，并通过实际代码操作帮助读者加强对软件包的认识与理解。

第 3 章常见的人工智能工具，包含目前业界最流行的 TensorFlow、PyTorch、Keras、Prolog 等工具，详细介绍每个工具的基本概念与用法，可帮助读者快速利用这些工具来解决实际问题。

第 4 章实验数据,介绍了每个实验所对应的实验数据及存放地址,方便读者获取源数据以进行实验操作。

第 5 章实验,共包含知识获取之搜索策略、知识获取之推理方法、人工神经网络、决策树、关联学习、聚类学习、强化学习、深度学习、知识图谱、计算机视觉、自然语言处理 11 个实验。这些实验覆盖了人工智能的多个方面,且每个实验均同步提供完整的源代码与课后习题,读者可亲自动手完成书中所有的实验。

实验设计原则

1. 操作性

"人工智能导论"课程主要讲解理论,而人工智能实验主要讲解操作。读者可通过操作实现对理论的掌握要求。

2. 解释性

实验是对理论的有效解释与说明,读者可通过人工智能实验的操作对理论知识有进一步的认知和理解。

3. 趣味性

实验例题及课后习题均具有实际应用背景,可引起读者对应用的兴趣,提高学习积极性,调剂理论课程的枯燥性。

本书适合作为高等院校人工智能、计算机类专业及相关专业"人工智能"实验课程的教材及相关培训用教材,也可作为人工智能应用、开发人员的基础操作实践参考书籍。

本书由南京大学余萍、南京飞灵智能科技有限公司组织编写,由南京大学余萍担任主编,南京飞灵智能科技有限公司顾艳华担任副主编,南京飞灵智能科技有限公司陆迁、丁炜参与编写。南京大学徐洁磐教授审稿。本书在编写过程中还得到了亚马逊公司徐舒的支持,在此特表感谢。

因作者水平和成书时间所限,本书难免存在疏漏和不当之处,敬请各位读者指正。

本书所用的实验平台由南京飞灵智能科技有限公司研发,联系人:顾艳华,联系方式:guyanhua5@163.com。

编 者

2020 年 2 月

目　　录

第1章

实验平台

人工智能教学实验平台是由南京飞灵智能科技有限公司基于 Kubernetes + Docker 容器技术开发的可提供多人同时在线的 AI 实验环境平台。该平台支持主流的人工智能开发工具(如 TensorFlow、PyTorch、Keras、Prolog 等),可一键创建 AI 实验环境,并提供多种开发模式来满足不同的用户需求,同时,该平台还提供完善的 AI 学习资料(包含 AI 课程、实验手册、实验数据等),大幅降低读者学习人工智能的门槛。

针对人工智能导论实验,专门提供了人工智能教学实验平台 Feeling AI Lab-Intro 版本。该版本平台可根据高校实际情况部署为私有云或公有云。

1.1 云的基本概念

云技术指在广域网或局域网内将硬件、软件、网络等系列资源统一起来,实现数据的计算、存储、处理和共享的一种托管技术。按照商业模式的不同,常见的云计算有公有云、私有云两种模式。

公有云是面向大众提供计算资源的服务,由 IDC 服务商或第三方提供资源,如应用和存储,这些资源是在服务商的场所内部署。用户通过 Internet 来获取这些资源的使用。公有云服务提供商有 Amazon、Google 和微软,以及国内的阿里云、百度云和腾讯云等。

私有云是企业传统数据中心的延伸和优化,能够针对各种功能提供存储容量和处理能力,该类平台属于非共享资源,为了一个客户单独使用而构建,较公有云在数据、安全和服务质量上都有更好地保障,一般部署在机构内部。

公有云与私有云特点对比如图 1.1 所示。

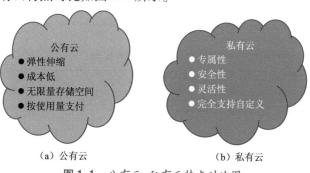

（a）公有云　　　　　　（b）私有云

图 1.1　公有云、私有云特点对比图

●●●●●● 1.2　私有云平台 ●●●●●●

该方式指将人工智能教学实验平台 Feeling AI Lab-Intro 部署在学校内部服务器上,供学校内网的用户访问使用。私有云平台登录界面如图1.2所示。

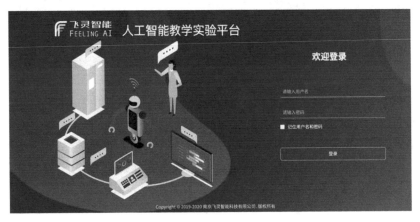

图1.2　私有云平台登录界面

1. 硬件资源

硬件资源可分为两种配置:精简版、标准版。采用精简版配置即可成功部署人工智能教学实验平台,并顺利运行人工智能导论实验。学校后续可根据实际需求将平台扩展成标准版配置,以支持更多的实验运行。精简版与标准版详细硬件如表 1.1 和表 1.2 所示。

表1.1　精简版硬件资源

节点	配　　置				
	操作系统	CPU(core)	MEM(GB)	GPU	DISK
服务器	Centos 7.6	64	128	Nvidia 2080Ti * 2	① Intel 480 GB SATA 6 Gbit/s 企业级 SSD(系统盘、安装包); ②SSD 960 GB(存放 Docker); ③SATA 企业级硬盘 HDD 1T

表1.2　标准版硬件资源

节点	配　　置				
	操作系统	CPU(core)	MEM(GB)	GPU	DISK
服务器 1	Centos 7.6	32	64	—	① Intel 400 GB SATA 6Gbit/s 企业级 SSD(系统盘、安装包); ② SSD 600 GB(存放 Docker)

续表

节点	配　　置				
	操作系统	CPU(core)	MEM(GB)	GPU	DISK
服务器 2	Centos 7.6	128	256	Nvidia 2080Ti * 8	① Intel 50GB SATA 6Gbit/s 企业级 SSD(系统盘); ② Intel 600GB SATA 6Gbit/s 企业级 SSD(存放 Docker); ③ SATA 企业级硬盘 HDD 总容量 1T(块数不限)(CEPH 分布式文件系统)

注:服务器推荐品牌为浪潮、华为、戴尔。

2. AI 环境创建

人工智能教学实验平台成功部署在学校内部的服务器上后,用户只需简单地通过图形化界面一键创建 AI 环境,该环境中已默认安装了常见的人工智能工具(如 TensorFlow、PyTorch、Keras、Prolog 等)及 100 + 机器学习软件包(如 numpy、pandas、matplotlib 等)。

例如,创建 Jupyter 开发模式的 AI 环境。操作步骤如下:

Step1:创建项目。单击"项目"→"新建项目"。

Step2:创建任务。进入 Step1 创建的项目→单击"Jupyter"→配置任务(选择镜像、选择资源等),如图 1.3 所示,然后单击"确认"按钮。

图 1.3　新建 Jupyter 任务

Step3:进入 AI 开发环境。启动 Step2 所创建的任务,单击"Jupyter notebook"/"Jupyter Lab"超链接进入 AI 开发环境,如图 1.4 所示。

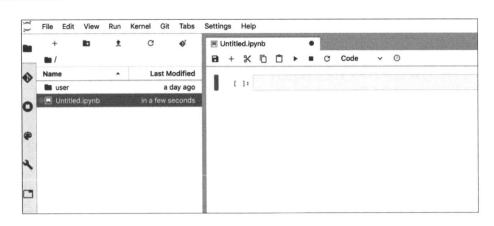

图 1.4　Jupyter 模式开发界面

注:第5章的11个实验均可在该环境中直接运行。

●●●●● 1.3　公有云平台 ●●●●●

公有云平台是指将人工智能教学实验平台 Feeling AI Lab-Intro 部署在公有云服务提供商的资源上,如 aws 云平台、阿里云平台。公有云平台登录页如图 1.5 所示。

图1.5　公有云平台登录页

1. aws 云平台

利用 aws 云资源来部署人工智能教学实验平台 Feeling AI Lab-Intro。

在 aws 云平台上创建 AI 环境步骤如下:

Step1:创建任务。单击"项目"→ Jupyter Lab"创建任务"→配置任务(选择镜像、选择资源等),如图 1.6 所示。

Step2:进入 AI 开发环境。启动 Step1 所创建的任务,单击"Jupyter Lab"超链接进入 AI 开发环境,如图 1.7 所示。

图 1.6 创建 Jupyter 交互式开发任务

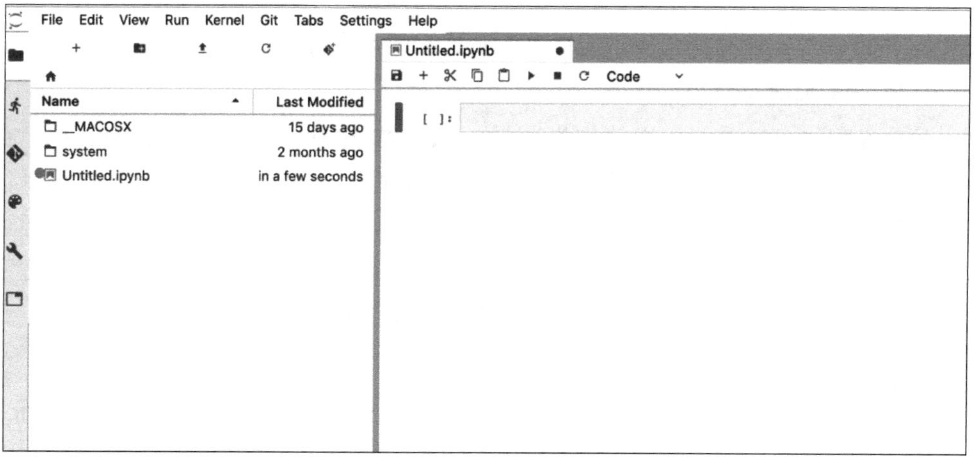

图 1.7 Jupyter 模式开发界面

注:第 5 章的 11 个实验均可在该环境中直接运行。

2. 阿里云平台

利用阿里云资源来部署人工智能教学实验平台 Feeling AI Lab-Intro。

在阿里云平台上创建 AI 环境的步骤与 aws 云平台操作相同。

因此,若高校拥有自己的服务器,则推荐用私有云方式部署平台;若高校没有自己的服务器,则推荐用 aws 云方式部署平台。

第 2 章

Python 程序设计及机器学习软件包

●●●●● 2.1 Python 简介 ●●●●●

　　Python 是一种广泛使用的解释型、高级编程、通用型编程语言,使用类似于英语的语法编写程序,简单易读,而且是开源的,可以免费使用。Python 可以应用于 Web 和 Internet 开发、科学计算、统计、人工智能、教育、游戏开发、桌面界面开发、软件开发和后端开发等领域,拥有强大的工具库来为数据科学家提供大量的数值计算、可视化、统计分析、自然语言处理、计算机视觉、图像处理工具。

　　Python 有 Python 2.x 和 Python 3.x 两个版本,两个版本之间互不兼容,本书中的实验使用 Python 3.x,所写的代码不能被 Python 2.x 版本执行。

　　1. Python 基础语法

　　每个编程语言都需要标识符作为变量、函数、类、模块以及其他对象的名称。在 Python 里,标识符由字母、数字、下画线组成。标识符区分大小写,所有标识符可以包括英文、数字以及下画线(_),但不能以数字开头。Python 有一些具有特殊功能的标识符,称为关键字,因为 Python 已经使用了这些标识符,所以不允许开发者定义与关键字相同的标识符。在终端中输入查询关键字命令即可查询关键字,如图 2.1 所示。

```
>>> keyword. kwlist
['False', 'None', 'True', 'and', 'as', 'assert', 'break', 'class', 'continue', 'def', 'del', 'elif',
'else', 'except', 'finally', 'for', 'from', 'global', 'if', 'import', 'in', 'is', 'lambda', 'nonlocal', 'not',
'or', 'pass', 'raise', 'return', 'try', 'while', 'with', 'yield']
```

图 2.1　Python 中的关键字

　　Python 最具特色的就是使用缩进来表示代码块,不需要使用大括号{}。缩进的空格数是可变的,但是同一个代码块的语句必须包含相同的缩进空格数,建议使用四个空格。

　　Python 通常是一行写完一条语句,但如果语句很长,可以使用反斜杠(\)来实现多行语句。Python 也可以在同一行中使用多条语句,语句之间使用分号(;)分割。

　　为确保对模块、函数、方法和行内注释使用正确的风格,Python 中使用的注释有单行注释和多行注释,单行注释以"#"开头,多行注释用三个单引号 ''' 或者三个双引号 """ 将注释括起来。

Python 中 print( )为输出函数,默认输出是换行的,如果要实现不换行需要在变量末尾加上 end = ""。在终端中也可以使用表达式进行输出。

2. Python 变量类型

Python 中的变量不需要声明。每个变量在使用前都必须赋值,变量赋值以后该变量才会被创建。Python 使用等号" = "给变量赋值,允许同时为多个变量赋值,赋值操作如图 2.2 所示。

```
name = 'Andy '
a = b = c = 1
x,y,z = 2,3, 'Hello '
```

图 2.2 Python 赋值操作

变量没有类型,类型是变量所指的内存中对象的类型。Python 有六个标准的数据类型:Number(数字)、String(字符串)、List(列表)、Tuple(元组)、Set(集合)、Dictionary(字典)。

(1)Number(数字)

Python 中支持 int(整型)、float(浮点型)、bool(布尔值)、complex(复数)四种数字类型,如图 2.3 所示。

```
a = 4.0
b = 18
c = True
d = 4 + 5j
print(type(a), type(b), type(c), type(d))
```

图 2.3 Python 中的数字类型

输出:

```
<class 'float'> <class 'int'> <class 'bool'> <class 'complex'>
```

(2)String(字符串)

字符串是 Python 中最常用的数据类型,可以使用引号('或 ")来创建字符串,Python 访问子字符串,可以使用方括号来截取字符串,如图 2.4 所示。

```
str1 = 'Hello '
str2 = "World!"
print(str1,str2,type(str1),type(str2))
print('第二个字符是:',str1[1],', 前四个字符是:',str1[ :4])
```

图 2.4 Python 中的字符串类型

输出:

```
Hello World! <class 'str'> <class 'str'>
```

第二个字符是：e，前四个字符是：Hell

(3) List(列表)

列表中的每个元素都分配一个数字用来表示它的位置，或称之为索引，第一个索引是0，第二个索引是1，依此类推。列表进行的操作包括索引、切片、加、乘、检查成员，操作如图2.5所示。

```
list1 = ['Google ', 'Runoob ', 1997, 2000]
list2 = [1, 2, 3, 4, 5]
list3 = ["a", "b", "c", "d"]
print(type(list1), type(list2), type(list3))
print('list1 中的第二个元素是：', list1[1])
print('list1 中的前三个元素是：', list1[:3])
print('列表的加法 list1 + list2：', list1 + list2)
print('列表的乘法 2 * list1：', 2 * list1)
print('数字 2 在列表 2 中吗：', 2 in list2)
```

图2.5 Python 中的列表

输出：

< class 'list' > < class 'list' > < class 'list' >

list1 中的第二个元素是：Runoob

list1 中的前三个元素是：['Google ', 'Runoob ', 1997]

列表的加法 list1 + list2：['Google ', 'Runoob ', 1997, 2000, 1, 2, 3, 4, 5]

列表的乘法 2 * list1：['Google ', 'Runoob ', 1997, 2000, 'Google ', 'Runoob ', 1997, 2000]

数字 2 在列表 2 中吗：True

(4) Tuple(元组)

Python 的元组与列表类似，运算操作一致，不同之处在于元组的元素不能修改。列表使用方括号，元组使用小括号，也可以不用括号，操作如图2.6所示。

```
tup1 = ('Google ', 'Runoob ', 1997, 2000)
tup2 = (1, 2, 3, 4, 5)
tup3 = "a", "b", "c", "d"
tup4 = (50,)
print(type(tup1), type(tup2), type(tup3), type(tup4))
print ("tup2[1:5]: ", tup2[1:5])
```

图2.6 Python 中的元组

输出：

< class 'tuple' > < class 'tuple' > < class 'tuple' > < class 'tuple' >

```
tup2[1:5]: (2, 3, 4, 5)
```

（5）Dictionary（字典）

字典是另一种可变容器模型，且可存储任意类型对象。字典的每个键值（key = > value）对用冒号（:）分割，每个对之间用逗号（,）分割，整个字典包括在花括号（{}）中，使用键值对应方式查询，使用格式如图 2.7 所示。

```
dict1 = { 'abc': 456 }
dict2 = { 'abc': 123, 98.6: 37 }
dict3 = {'Name': 'Runoob', 'Age': 7, 'Class': 'First'}
print(type(dict1), type(dict2), type(dict3))
print("dict3['Name']:", dict3['Name'])
dict3['height'] = 160
print('添加元素后的字典 3 是:', dict3)
```

图 2.7　Python 中的字典

输出：

```
<class 'dict'> <class 'dict'> <class 'dict'>
dict3['Name']: Runoob
```

添加元素后的字典 3 是：{'Name': 'Runoob', 'Age': 7, 'Class': 'First', 'height': 160}

（6）Set（集合）

集合是一个无序的不重复元素序列。可以使用大括号{ }或者 set( ) 函数创建集合，如图 2.8 所示。

```
basket = {'apple', 'orange', 'apple', 'pear', 'orange', 'banana'}
print(basket)
print('apple' in basket)
```

图 2.8　Python 中的集合

输出：

```
{'banana', 'apple', 'pear', 'orange'}
True
```

集合之间也可进行数学集合运算（如并集、交集等），如图 2.9 所示。

```
set1 = set('abracadabra')
set2 = set('alacazam')
print('集合 1:', set1)
print('集合 2:', set2)
print('集合 1 中包含而集合 2 中不包含的元素:', set1 - set2)
print('集合 1 或 2 中包含的所有元素:', set1 | set2)
print('集合 1 和 2 中都包含了的元素:', set1 & set2)
print('不同时包含于集合 1 和集合 2 的元素:', set1 ^ set2)
```

图 2.9　Python 中的集合运算

输出：

集合 1：{'b', 'a', 'r', 'c', 'd'}

集合 2：{'a', 'm', 'c', 'l', 'z'}

集合 1 中包含而集合 2 中不包含的元素：{'r', 'b', 'd'}

集合 1 或 2 中包含的所有元素：{'b', 'a', 'r', 'm', 'c', 'd', 'l', 'z'}

集合 1 和 2 中都包含了的元素：{'c', 'a'}

不同时包含于集合 1 和集合 2 的元素：{'b', 'z', 'd', 'r', 'l', 'm'}

以上六种类型中，Number、String、Tuple 是不可变数据，List、Dictionary、Set 是可变数据。可以使用 Python 中的 type() 函数查看数据类型，使用 id() 查看数据引用的地址，以 Number、List、String 为例进行对比，操作如图 2.10 所示。

```
x1 = 'Python '
print('x1 ',type(x1),id(x1))
x2 = 'Python '
print('x2 ',type(x2),id(x2))
x3 = 'hello world! '
print('x3 ',type(x3),id(x3))


y1 = [1,2,3,4,5,6]
print('y1 ',type(y1),id(y1))
y2 = [1,2,3,4,5,6]
print('y2 ',type(y2),id(y2))
y1.append(9)
print('y1.append ',type(y1),id(y1))


z1 = 10
print('z1 ',type(z1),id(z1))
z2 = 10
print('z2 ',type(z2),id(z2))
z3 = 20
print('z3 ',type(z3),id(z3))
```

图 2.10　Python 查询数据类型与地址

输出：

x1 < class 'str' > 139711875362408

x2 < class 'str' > 139711875362408

x3 < class 'str' > 139710366361520

y1 < class 'list' > 139710366360200

y2 < class 'list' > 139710366718216

y1.append < class 'list' > 139710366360200

```
z1 < class 'int ' > 139711897322048
z2 < class 'int ' > 139711897322048
z3 < class 'int ' > 139711897322368
```

对于 Number 和 String 类型引用的地址处的值是不能被改变的,即 139711875362408 这个地址在没被回收之前一直都是'Python '这个字符串,139711897322048 这个地址在没被回收之前一直都是数字 10。对于可变类型 list,对一个变量进行操作时,其值是可变的,值的变化并不会引起新建对象,即地址是不会变的,只是地址中的内容变化了或者地址得到了扩充。

3. Python 数值运算

Python 语言支持以下类型的运算符:算术运算符、比较(关系)运算符、赋值运算符、逻辑运算符、位运算符、成员运算符、身份运算符、运算符优先级。接下来详细介绍算术运算符、比较(关系)运算符、赋值运算符。

(1)算术运算符

算数运算符包括两个对象相加(+)、减(−)、乘(*)、除(/)、取模(%)、幂(* *)、取整(//)。

①加法运算,操作如图 2.11 所示。

```
a = 21; b = 10
c = a + b #加
print ("a + b 的值为:", c)
```

图 2.11　Python 中的加法运算

输出:

a + b 的值为:31

②乘法运算,操作如图 2.12 所示。

```
a = 21; b = 10
c = a * b #乘
print ("a * b 的值为:", c)
```

图 2.12　Python 中的乘法运算

输出:

a*b 的值为:210

(2)比较运算符

比较运算符包括:等于(==)、不等于(! =)、大于(>)、小于(<)、大于等于(>=)、小于等于(<=),运算结果返回布尔值"False"或"True",操作如图 2.13 所示。

```
a = 21;b = 10
print(a == b,a! = b,a > b,a < b,a > + b,a < + b)
```

图 2.13　Python 比较运算操作

输出：

False True True False True False

（3）赋值运算符

赋值运算符包括简单赋值（＝）、加法赋值（+＝）、减法赋值（-＝）、乘法赋值（*＝）、除法赋值（/＝）、取模赋值（%＝）、幂赋值（**＝）、取整赋值（//＝）。

①加法赋值，操作如图2.14所示。

```
c=31;a=21
c+=a #c=c+a
print("c+=a 的值为:", c)
```

图2.14　Python的加法赋值

输出：

c+=a 的值为：52

②乘法赋值，操作如图2.15所示。

```
c=31;a=21
c*=a #c=c*a
print("c*=a 的值为:", c)
```

图2.15　Python的乘法赋值

输出：

c*=a 的值为:651

4. Python判断、循环语句

（1）判断语句

Python中根据不同的执行结果（True 或者 False）选择不同的处理分支时使用 if/else 语句。if/else 语句的一般形式如图2.16所示。

```
if a%3==1:
    print('a 除以 3 余 1')
elif a%3==2:
    print('a 除以 3 余 2')
else:
    print('a 是 3 的倍数')
```

图2.16　Python的判断语句

（2）循环语句

Python中的循环语句有 for 和 while 两种。

①for 语句。for 循环语句可以遍历任何序列的项目，如一个列表或者一个字符串，for 语句一般形式如图2.17所示。

```
for i in 'abc': #遍历字符串'abc'
    print(i)
```

图2.17　Python的 for 循环语句

输出：

a

b

c

②while 语句。while 语句在判断条件为真时执行语句,一般形式如图2.18 所示。

```
count = 0
while count < 3 : #判断条件
    #执行语句
    print ( count, " 小于 3")
    count = count + 1
```

图2.18　Python 的 while 循环语句

输出：

0 小于 3

1 小于 3

2 小于 3

5. Python 函数

Python 中的函数是组织好的,可重复使用的,用来实现单一或相关联功能的代码段。函数能提高应用的模块性和代码的重复利用率。

(1)函数定义

Python 中定义函数的简单规则如下:

①函数代码块以 def 关键词开头,后接函数标识符名称和圆括号( ),以冒号(:)结尾。

②任何传入参数和自变量必须放在圆括号中间,圆括号之间可以用于定义参数。

③函数的第一行语句可以选择性地使用文档字符串——用于存放函数说明。

④函数内容以冒号起始,并且缩进。

⑤return[表达式] 结束函数,不带表达式的 return 相当于返回 None。

以面积公式为例,定义一个函数,给了函数一个名称(area),指定了函数里包含的参数(width, height)和代码块结构(width * height),如图2.19 所示。

```
def area( width, height) :
    return width * height
w = 4
h = 5
print('area = ', area( w, h) )
```

图2.19　Python 中定义面积公式函数

(2)函数调用

在 Python 也可以用 import 或者 from…import 来导入相应的模块与模块中的函数:

①将整个模块(somemodule)导入,格式为:import somemodule。

②从某个模块中导入某个函数(somefunction),格式为:from somemodule import somefunction,也可以将函数重命名为缩写使用:from matplotlib import pyplot as plt。

③从某个模块中导入多个函数,格式为:from somemodule import firstfunc, secondfunc。

④将某个模块中的全部函数导入,格式为:from somemodule import *。

help()函数可以打印输出一个模块或者函数的使用文档,为使用这个模块或者函数提供帮助。如使用 help()函数显示 math 模块中 acos 函数的使用方法,即返回 x 的反余弦值,操作如图 2.20 所示。

```
from math import acos
print(help(acos))
```

图 2.20　Python 中函数调用

输出:

Help on built - in function acos in module math:

acos(...)

　　acos(x)

　　Return the arc cosine (measured in radians) of x.

None

6. Python 简单编程

使用 Python 找出 100～1000 所有的"水仙花数",所谓"水仙花数"是指一个三位数,其各位数字立方和等于该数本身。例如:153 是一个"水仙花数",因为 $153 = 1^3 + 5^3 + 3^3$。代码实现如图 2.21 所示。

```
ab = ''
def get_sum(i):
    gg = i% 10
    bb = i//100
    ss = (i - bb * 100)//10
    summ = pow(gg,3) + pow(ss,3) + pow(bb,3)
    return summ


for j in range(100,1000):
    sum = get_sum(j)
    if sum == j:
        ab = str(j)
        print("水仙花数: " + ab)
```

图 2.21　Python 简单编程实现

输出：

水仙花数：153

水仙花数：370

水仙花数：371

水仙花数：407

7. Python 软件包

众多开源的科学计算软件包也为 Python 提供了调用接口，如著名的计算机视觉库 OpenCV、三维可视化库 VTK、医学图像处理库 ITK 等。而 Python 自身的标准库也很庞大，如科学计算库：math、random、statistics，函数式编程模块：itertools、functools、operator 等，以及强大的扩展软件包。表 2.1 展示了在机器学习中常用的 Python 软件包。

表 2.1　Python 常用软件包

名称	描　　述
Matplotlib	类 matlab 的第三方库，用以绘制一些高质量的数学二维图形
NumPy	基于 Python 的科学计算第三方库
SciPy	基于 Python 的 matlab 实现，旨在实现 matlab 的所有功能
BeautifulSoup	网页处理
PIL	图像处理库
pygame	游戏开发
opencv	图像处理以及计算机视觉算法
sklearn	机器学习算法
Pandas	结构化数据

......

有关 Python 的进一步介绍可详读参考文献中的《Python 编程从入门到实践》。

下面将详细介绍实验中用到的四个软件包：numpy、pandas、matplotlib 和 scikit-learn。

●●●●● 2.2　NumPy 简介 ●●●●●

NumPy(Numerical Python，数值计算) 是 Python 语言的一个扩展程序库，支持大量的维度数组与矩阵运算，此外也针对数组运算提供大量的数学函数库。NumPy 通常与 SciPy(Scientific Python，科学计算)和 Matplotlib(绘图库)一起使用，这种组合广泛用于替代 MatLab，是一个强大的科学计算环境，有助于通过 Python 学习数据科学或者机器学习。

由于 NumPy 是扩展库，不包含在标准版 Python 中，因此在使用前首先要使用语句"import numpy as np"导入 NumPy 库，通过这样的形式，NumPy 相关方法均可通过"np"来调用。

1. NumPy 数组

NumPy 最重要的一个特点是其 N 维数组对象 ndarray,它是一系列同类型数据的集合,以 0 下标为开始进行集合中元素的索引。

(1)数据类型

NumPy 支持的数据类型比 Python 内置的类型要多很多,基本上可以和 C 语言的数据类型对应,其中部分类型对应为 Python 内置的类型。表 2.2 列举了 NumPy 基本数据类型。

表 2.2　NumPy 中基本数据类型

名称	描　述
bool_	布尔型数据类型(True 或者 False)
int64	整数(−9 223 372 036 854 775 808 to 9 223 372 036 854 775 807)
uint64	无符号整数(0 to 18 446 744 073 709 551 615)
float64	双精度浮点数,包括 1 个符号位、11 个指数位、52 个尾数位

······

(2)数组属性

接下来介绍 NumPy 数组包含的基本属性,表 2.3 给出了部分属性和对应的解释。

表 2.3　NumPy 中数组的属性

属性	说　明
ndarray. ndim	秩,即轴的数量或维度的数量
ndarray. shape	数组的维度,对于矩阵,n 行 m 列
ndarray. size	数组元素的总个数,相当于 .shape 中 n ∗ m 的值
ndarray. dtype	ndarray 对象的元素类型

······

(3)创建数组

图 2.22 调用 NumPy 中的 np. array() 函数创建 NumPy 数组。

```
import numpy as np
#numpy. array(object, dtype = None, copy = True, order = None, subok = False, ndmin = 0)
a = np. array([0,1,2])
b = np. array([[1.0,2.0],[2.0,3.0]])
print('数组 a:',a,a. shape,a. dtype,type(a))
print('数组 b:',b,b. shape,b. dtype,type(b))
```

图 2.22　创建 NumPy 数组

输出:

数组 a:[0 1 2] (3,) int64 <class 'numpy.ndarray'>

数组 b:[[1.2.]

      [2.3.]] (2,2) float64 <class 'numpy.ndarray'>

由输出可以得到 NumPy 数组的类型是 numpy. ndarray,使用 NumPy 中的 ndarray. shape 函数查看数组的形状,使用 ndarray. dtype 函数查看数组中元素的类型,数组中元素的索引位置从 0 开始。

NumPy 也提供了 np. arange( )函数来生成一些有规律的数组,如图 2.23 所示。

```
import numpy as np
# numpy. arange([start, ]stop,[step, ]dtype = None)
c = np. arange(0,40,5.0)
print('数组 c:',c,c. shape,c. dtype,type(c))
```

图 2.23 使用函数创建 NumPy 数组

输出:

数组 c:[0.5.10.15.20.25.30.35.] (8,) float64 < class 'numpy. ndarray'>

由 np. arange( )生成数组 c 是从[0,40)区间中间返回间隔为 5.0 的浮点型数值。

2. Numpy 数组操作

Numpy 中包含了一些函数用于处理数组,大概可分为以下几类:修改数组形状(reshape( ))、翻转数组(np. transpose( ))、修改数组维度(np. expand_dims( ), np. squeeze( ))、连接数组(np. concatenate( ))、分割数组(np. split( ))、数组元素的添加与删除(np. append( ), np. delete( ))。

(1)修改数组形状

操作如图 2.24 所示。

```
import numpy as np
a = np. arange(6)
print('原始数组:',a,a. shape)
b = a. reshape(2,3)
print('修改后的数组:',b,b. shape)
```

图 2.24 NumPy 修改数组形状

输出:

原始数组:[0 1 2 3 4 5] (6,)

修改后的数组:[[0 1 2]

      [3 4 5]] (2,3)

（2）翻转数组

操作如图 2.25 所示。

```
import numpy as np
b = np.arange(0,6,1).reshape(2,3)
print ('原始数组:',b,b.shape)
print ('翻转后的数组:',np.transpose(b),np.transpose(b).shape)
```

图 2.25　NumPy 翻转数组

输出：

原始数组:[[0 1 2]

　　　　[3 4 5]] (2,3)

翻转后的数组:[[0 3]

　　　　[1 4]

　　　　[2 5]] (3,2)

（3）连接数组

操作如图 2.26 所示。

```
import numpy as np
a = np.array([[1,2],[3,4]])
b = np.array([[9,8],[7,6]])
print('横向连接:',np.concatenate([a,b],axis=1))
print('纵向连接:',np.concatenate([a,b],axis=0))
```

图 2.26　NumPy 连接数组

输出：

横向连接:[[1 2 9 8]

　　　　[3 4 7 6]]

纵向连接:[[1 2]

　　　　[3 4]

　　　　[9 8]

　　　　[7 6]]

3. NumPy 算数运算

NumPy 包含大量的各种数学运算的函数,包括基础运算（加、减、乘、除）函数、三角函数等、舍入函数。接下来介绍 NumPy 中的加法运算、乘法运算和三角函数。

（1）基础运算

操作如图 2.27 所示。

```
import numpy as np
a = np.arange(4, dtype = np.float_).reshape(2,2)
print ('数组 a:',a)
b = np.array([10,5])
print ('数组 b:',b)
print ('两个数组相加:',np.add(a,b))
print ('两个数组相乘:',np.multiply(a,b))
```

图 2.27　NumPy 基础运算

输出:

数组 a:[[0.1.]

　　　　[2.3.]]

数组 b:[10 5]

两个数组相加:[[10.6.]

　　　　　　[12.8.]]

两个数组相乘:[[0.5.]

　　　　　　[20.15.]]

NumPy 中,形状不同的数组之间也可以进行运算,图 2.27 中数组 a、b 运算时,数组 b 被扩展为了(2,2)形式,即[[10 5][10 5]],然后再与数组 a 进行运算,这个功能被称为广播。

(2)三角函数

操作如图 2.28 所示。

```
import numpy as np
a = np. array([0,30,45,60,90,120])
# 通过乘以 pi/180 转化为弧度
sin = np. sin(a * np. pi/180)
print ('数组 a 中角度的正弦值:',np. around(sin, decimals =3))
cos = np. cos(a * np. pi/180)
print ('数组 a 中角度的余弦值:',np. around(cos, decimals =3))
b = np. array([0,30,45,60,120])
tan = np. tan(b * np. pi/180)
print ('数组 b 中角度的正切值:',np. around(tan, decimals =3))
```

图 2.28 NumPy 三角函数

输出:

数组 a 中角度的正弦值:[0.0.5 0.707 0.866 1.0.866]

数组 a 中角度的余弦值:[1.0.866 0.707 0.5 0. -0.5]

数组 b 中角度的正切值:[0.0.577 1.1.732 -1.732]

●●●●● 2.3　Pandas 简介 ●●●●●

Pandas(Python Data Analysis Library)是 Python 的一个数据分析包,该工具为解决数据分析任务而创建。Pandas 纳入大量库和标准数据模型,提供高效的操作数据集所需的工具。带有 Pandas 的 Python 已在广泛的学术和商业领域中使用,包括金融、神经科学、经济学、统计学、广告、Web 分析等。

Pandas 有快速高效的 DataFrame 对象,用于带有集成索引的数据操作。可用于在内存数据结构和不同格式之间读取和写入数据,包括 CSV 和文本文件、Microsoft

Excel、SQL 数据库以及快速 HDF5 格式。

由于 Pandas 是扩展库,不包含在标准版 Python 中,因此在使用前首先要使用语句 "import pandas as pd"导入 Pandas 库,通过这样的形式,Pandas 相关方法均可通过"pd" 来调用。

1. Pandas 数据

(1)数据类型

Pandas 默认的数据类型是 int 64 和 float 64,支持的大部分数据类型如表 2.4 所示。

表 2.4　Pandas 中基本数据类型

名称	描　　述
bool	布尔型数据类型(True 或者 False)
int64	整数(−9 223 372 036 854 775 808 to 9 223 372 036 854 775 807)
float64	双精度浮点数,包括 1 个符号位、11 个指数位、52 个尾数位
datetime64[ns]	日期类型
timedelta[ns]	时间类型
category	通常以 string 的形式显示,包括颜色、尺寸的大小,还有地理信息等
object	pandas 使用对象 ndarray 来保存指向对象的指针
……	……

(2)数据属性

Pandas 产生的数据所包含的基本属性,表 2.5 给出了部分属性和对应的解释。

表 2.5　Pandas 的基本属性

属性	描　　述
array	支持该系列或索引的数据的 ExtensionArray
axes	返回行轴标签的列表
dtypes	返回基础数据的 dtype 对象
ndim	维度数
shape	返回基础数据形状的元组
size	返回基础数据中的元素数
……	……

2. Pandas 数据结构

Pandas 主要有两种数据结构:系列(Series)、数据帧(DataFrame)。

(1)Series

系列(Series)是能够保存任何类型数据的一维标记数组,轴标签统称为索引。

图 2.29 所示是调用 Pandas 中的 pd.Series()函数创建两组数据。

```
import pandas as pd
s1 = pd. Series([1,2])
s2 = pd. Series(["a","b"])
print(s1);print(s2)
```

图 2.29 Pandas 创建 Series 数据

输出：
```
0    1
1    2
dtype: int64
0    a
1    b
dtype: object
```

输出结果展示了每个表的索引与对应的数据，以及数据类型。s2 中因为字符串长度是不固定的，Pandas 没有用字节字符串的形式而是用了 object ndarray。

（2）DataFrame

数据帧(DataFrame)是二维数据结构，即数据以行和列的表格方式排列，可以看成由 Series 组成的字典。

图 2.30 所示是调用 Pandas 中的 pd.DataFrame()函数创建四组数据。

```
import pandas as pd
a = [1,2]
b = ["a","b"]
c = pd. date_range('20200202 ',periods = 2)
df = pd. DataFrame({"A":a,"B":b,"C":c})
print(df)
print('表格的维度数量:{0} ,表格的维度:{1},表格的元素数:{2}。'. format(df. ndim, df.
shape,df. size))
print('输出每列的数据类型:')
print(df. dtypes)
```

图 2.30 Pandas 创建 DataFrame 数据

输出：
```
   A  B    C
0  1  a  2020 - 02 - 02
1  2  b  2020 - 02 - 03
```
表格的维度数量:2 ,表格的维度:(2, 3),表格的元素数:6。
输出每列的数据类型:
```
A            int64
```

```
B           object
C    datetime64[ns]
dtype: object
```

由属性中的 df. ndim、df. shape、df. size 分别可以得到表格的维度数量、表格的维度、表格的元素数。由"df. dtypes"查询可以得到每一列的数据类型。

3. Pandas 处理丢失数据

对丢失数据(NaN,缺失值)的智能处理是 Pandas 一大特点。Pandas 中常用操作包括:使用 df. dropna( )函数去掉缺失值的行或列,使用 df. fillna( )函数替换缺失值,使用 df. isnull( )函数判断数据是否丢失。图 2.31 所示是生成了一个包含缺失值的表格。

```
import pandas as pd
import numpy as np
df = pd. DataFrame(np. arange(12). reshape((3,4)), columns = ['A', 'B', 'C', 'D'])
df. iloc[0,1] = np. nan
df. iloc[2,2] = np. nan
print('原始表格:')
print(df)
```

图 2.31　Pandas 创建缺失值表

输出:
原始表格:

```
   A   B    C    D
0  0  NaN  2.0  3
1  4  5.0  6.0  7
2  8  9.0  NaN  11
```

接下来对图 2.31 所示包含缺失值的表进行两种处理。

(1)删除缺失值所在行

操作如图 2.32 所示。

```
print('删除缺失值所在行:')
print(df. dropna(axis = 0,how = 'any'))
```

图 2.32　Pandas 删除缺失值所在行

输出:
删除缺失值所在行:

```
   A   B    C    D
1  4  5.0  6.0  7
```

(2)替换缺失值

操作如图 2.33 所示。

```
print('将缺失值替换为0:')
print(df.fillna(value=0))
```

图2.33　Pandas替换缺失值

输出：

将缺失值替换为0：

```
   A   B    C    D
0  0  0.0  2.0   3
1  4  5.0  6.0   7
2  8  9.0  0.0  11
```

●●●●● 2.4　MatplotLib 简介 ●●●●●

Matplotlib 是 Python 的绘图库。它可与 NumPy 一起使用，提供了一种有效的 MatLab 开源替代方案。

由于 Matplotlib 是扩展库，不包含在标准版 Python 中，因此在使用前首先要使用语句"import matplotlib.pyplot as plt"或者"from matplotlib import pyplot as plt"导入 Matplotlib 库中的 matplotlib.pyplot，通过这样的形式，Matplotlib 相关方法均可通过"plt"来调用。

1. 绘制简单图形

绘制简单图形是 Matplotlib 的一个基础用法，图2.34 所示的代码绘制了一个线性函数。

```
import numpy as np
from matplotlib import pyplot as plt
x = np.arange(0,7,1)
y = 2*x+1
plt.plot(x,y)
plt.show()
```

图2.34　Matplotlib 绘制线性函数

输出的图形如图2.35 所示。

使用 NumPy 中的 np.arange() 函数创建 X 轴上的值，Y 轴上的对应值存储在另一个数组对象 y 中。这些值使用 Matplotlib 软件包的 pyplot 子模块的 plot() 函数绘制，图形由 show() 函数显示。

2. pyplot 的功能

matplotlib.pyplot 是使 Matplotlib 像 MATLAB 一样工作的命令样式函数的集合。每个 pyplot 功能都会对图形进行一些更改，如创建图形，在图形中创建绘图区域，在绘图区域中绘制一些线条，用标签装饰绘图等。pyplot 部分常用功能如表2.6 所示。

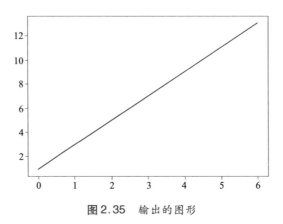

图2.35 输出的图形

表2.6 matplotlib. pyplot 部分常用功能

名 称	描 述
axes([arg])	在当前图形上添加轴
axis(∗ args，∗ ∗ kwargs)	获取或设置一些轴属性的便捷方法
imread(fname[, format])	从文件中读取图像到数组
plot(∗ args[, scalex, scaley, data])	将输入绘制为线或标记
savefig(∗ args，∗ ∗ kwargs)	保存当前图形到文件
scatter(x, y[, s, c, marker, cmap, norm, …])	将输入绘制为散点图
show(∗ args，∗ ∗ kw)	显示图像
title(label[, fontdict, loc, pad])	为图设置标题
xlim(∗ args，∗ ∗ kwargs)	设置 x 轴取值范围
ylabel(ylabel[, fontdict, labelpad])	设置 y 轴标签

……

（1）添加轴标签和标题

操作如图2.36所示。

```
import numpy as np
from matplotlib import pyplot as plt
x = np. arange(1.5,8,0.1)
y = np. cos(x)
plt. title('cos 函数')
plt. xlabel('x 轴')
plt. ylabel('y 轴')
plt. plot(x,y)
plt. show()
```

图2.36 Matplotlib 添加轴标签和标题

输出的图形如图2.37所示。

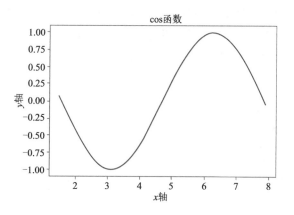

图2.37　输出的图形

（2）在一张图上绘制正、余弦曲线

操作如图2.38所示。

```
import numpy as np
from matplotlib import pyplot as plt
x = np.arange(0,6,0.1)
y1,y2 = np.sin(x) , np.cos(x)
plt.plot(x,y1,label = 'sin') #绘制曲线图
plt.scatter(x,y2,label = 'cos') #绘制散点图
plt.legend()
plt.show()
```

图2.38　在一张图上绘制正、余弦曲线

输出的正、余弦曲线如图2.39所示。

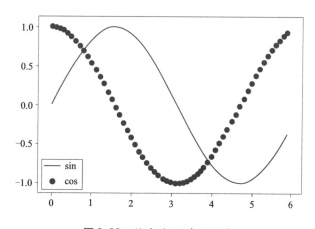

图2.39　输出的正、余弦曲线

3. 显示图像

Matplotlib 中的 image 模块可以使用 imread( ) 函数读入图像,读入后的图片存储为一个三维数组,matplotlib. pyplot 中还提供了用于显示图像的函数 imshow( )。图 2.40 展示了从当前路径读取一张图片"example. jpg",并显示。

```
from matplotlib import pyplot as plt
from matplotlib. image import imread
img = imread( 'example. jpg ')
print('图像尺寸是',img. shape)
plt. imshow( img)
plt. show( )
```

图 2.40　Matplotlib 显示图像

输出的图像尺寸是 (749 , 749 , 3),如图 2.41 所示。

图 2.41　显示的图像

2.5　Scikit – learn 简介

Scikit – learn(sklearn) 是针对 Python 编程语言的机器学习开源工具库。它基于 Numpy 和 scipy 等数值计算库,提供了高效的机器学习算法实现,主要包括数据预处理,模型选择,监督学习的分类算法、回归算法和无监督学习的聚类算法、降维算法,以及集成算法。

在 Python 中一般使用两种语句来导入 Scikit – learn 中的算法:一种是直接导入,如导入决策树:"from sklearn import tree";另一种是从某一类算法模块中导入具体算法,如从聚类算法中导入 KMeans 算法:"from sklearn. cluster import KMeans"。

1. 数据集

Sklearn 有用于机器学习的自带小型数据集,可以使用"sklearn. datasets. load_<name>"语句导入需要的数据集,六种常用数据集与适用任务如表 2.7 所示。

表 2.7 sklearn 中六种自带数据集与适用任务

模　块	名　称	适用任务
load_iris( )	鸢尾花数据集	分类、聚类
load_digits( )	手写数字数据集	分类、降维
load_barest_cancer( )	乳腺癌数据集	二分类
load_diabetes( )	糖尿病数据集	回　归
load_boston( )	波士顿房价数据集	回　归
load_linnerud( )	体能训练数据集	多变量回归

图 2.42 所示代码导入了鸢尾花数据集,并打印出了该数据集的一些属性。

```
from sklearn. datasets import load_iris
iris = load_iris( )
x, y = iris. data, iris. target
print('鸢尾花数据集中数据维度:',x. shape)
print('鸢尾花数据集中标签维度:',y. shape)
print('鸢尾花数据集的第一个数据:',x[0],y[0])
print('鸢尾花的种类:',set(y))
```

图 2.42　sklearn 中的鸢尾花数据集

输出:

鸢尾花数据集中数据维度: (150, 4)

鸢尾化数据集中标签维度: (150,)

鸢尾花数据集的第一个数据:[5.1 3.5 1.4 0.2] 0

鸢尾花的种类:{0, 1, 2}

2. 回归算法

Sklearn 内置多种回归算法,包括线性回归、多项式回归、岭回归、套索回归、K 近邻回归、决策树回归等。sklearn 每个模型都提供了一个 fit( ) 函数来拟合模型,使用 predict( ) 函数来进行预测,使用 score( ) 函数来评估模型的好坏,分数越高模型越好。

图 2.43 显示了一个简单线性回归的例子。

```
from sklearn. linear_model import LinearRegression
import numpy as np
X = 10 * np. random. rand(60, 1) #生成随机数
y = 2 * X - 5 + np. random. randn(60, 1)#添加随机噪声
LR = LinearRegression(fit_intercept = True)
print('线性回归模型参数:',LR)
LR. fit(X, y)#进行拟合
print("Model intercept(w0):", LR. intercept_)
```

图 2.43　sklearn 中的线性回归

```
print("Model slope(w1): ", LR. coef_[0])
xfit = np. linspace(0, 10, 1000)
yfit = LR. predict(xfit[:, np. newaxis]) # xfit 的预测结果
plt. scatter(X, y)#输出原始数据
plt. plot(xfit, yfit, color = 'RED ')#输出拟合后的曲线
plt. show()
```

图 2.43　sklearn 中的线性回归(续)

输出:

线性回归模型参数:

LinearRegression(copy_X = True, fit_intercept = True, n_jobs = 1, normalize = False)

Model intercept(w0): -5.260356956823885

Model slope(w1): 2.026862820420518

输出的模型如图 2.44 所示。

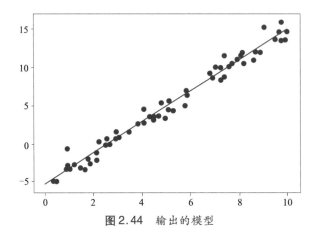

图 2.44　输出的模型

3. 分类算法

Sklearn 内置多种分类算法,包括逻辑回归、朴素贝叶斯分类、K 近邻分类、支持向量机、决策树分类等。与回归算法不同的是分类算法中预测的是离散值(标签),而回归算法得出的是连续值。与回归算法模型中相同的是,分类模型也提供了 fit( ) 函数、predict( ) 函数、score( ) 函数来对模型进行拟合预测与评估。

图 2.45 显示了一个简单的支持向量机分类例子。

```
import numpy as np
from sklearn. svm import SVC
from sklearn. metrics import accuracy_score
X = np. array([[ -1, -1], [ -2, -1], [1,1], [2,1]])
y = np. array([1,1,2,2])
```

图 2.45　sklearn 中的支持向量机分类

```
clf = SVC()
clf. fit(X,y)
print('SVM 模型参数:')
print (clf. fit(X,y))
y_hat = clf. predict(X)
acc = accuracy_score(y, y_hat)
print ('SVM 预测结果:',clf. predict(X))
print ('SVM 准确率:', accuracy_score(y, y_hat))
```

图 2.45 sklearn 中的支持向量机分类(续)

输出:

SVM 模型参数:

SVC(C = 1.0, cache_size = 200, class_weight = None, coef0 = 0.0,

decision_function_shape = 'ovr', degree = 3, gamma = 'auto', kernel = 'rbf',

max_iter = -1, probability = False, random_state = None,

shrinking = True,

tol = 0.001, verbose = False)

SVM 预测结果:[1 1 2 2]

SVM 准确率:1.0

4. 聚类算法

机器学习中未标记的数据的聚类(Clustering)算法可以使用模块 sklearn. cluster 来实现。常用的聚类算法有:K – Means、谱聚类、均值漂移、DBSCAN、高斯混合等。

图 2.46 显示了一个简单 K – Means 聚类的例子,将 20 组随机生成的二维无标签数据分成了两类。

```
import numpy as np
from sklearn. cluster import KMeans
import pandas as pd
import matplotlib. pyplot as plt
np. random. seed(1)
x = np. random. rand(20,2)
# 建立 KMeans 模型
estimator = KMeans(init = 'k – means + +', max_iter = 300, n_clusters = 2, n_init = 10, tol =
0.0001) # 构造聚类器
print('KMeans 模型参数:',estimator)
estimator. fit(x) # 聚类拟合
label_pred = estimator. labels_
x0 = x[label_pred == 0]
x1 = x[label_pred == 1]
```

图 2.46 sklearn 中的 K – Means 聚类

```
plt. scatter( x0[ :, 0], x0[ :, 1], c = "red", marker = 'o', label = 'label0 ')
plt. scatter( x1[ :, 0], x1[ :, 1], c = "green", marker = 'x ', label = 'label1 ')
plt. show( )
```

图 2.46   sklearn 中的 K – Means 聚类(续)

输出：

KMeans 模型参数：

KMeans(algorithm ='auto ', copy_x = True, init ='k – means + +',

max_iter =300, n_clusters =2,

n_init =10, n_jobs =1, precompute_distances ='auto ', random_state =

None, tol =0.0001,

verbose =0)

输出的聚类模型如图 2.47 所示。

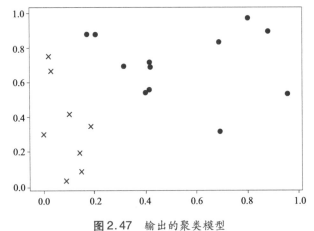

图 2.47   输出的聚类模型

第3章

常见的人工智能工具

本章将介绍以下 6 种人工智能工具：TensorFlow、PyTorch、Keras、Caffe2、Prolog、搜索策略工具。除 Prolog 外，所有工具都用 Python 进行调用。第 5 章的实验中主要用到 TensorFlow、Keras、搜索策略工具和 Prolog。

●●●●● 3.1 TensorFlow 简介 ●●●●●

TensorFlow 是 Google 的一个开源计算框架，该框架可以很好地实现各种深度学习算法。在 Google 内部 TensorFlow 已经被成功应用到语音搜索、广告、电商、图片、街景图、翻译、YouTube 等众多应用中。基于 TensorFlow 开发的 RankBrain 排序算法在 Google 的核心网页搜索业务中占据着重要的地位。

TensorFlow 采用数据流图操作，支持所有流行语言，如 Python、C + +、Java、R 和 Go，可以在多种平台上工作，甚至是移动平台和分布式平台。Python 中的 TensorFlow 库更加易用，它提供了大量的辅助函数来简化构建图的工作。

TensorFlow 的名字包括 Tensor 和 Flow 两个部分，前者为张量，是 TensorFlow 的数据结构，后者为"流"，是张量之间通过计算而转换的过程。一个 TensorFlow 图描述了计算的过程。TensorFlow 中每一个计算都是计算图上的一个节点，节点之间的边描述了计算之间的关系。一个节点获得 0 个或多个张量，执行计算后产生 0 个或多个张量。为了进行计算，图必须在会话里被启动。会话将图的节点分发到诸如 CPU 或 GPU 之类的设备上，同时提供执行节点的方法。这些方法执行后，将产生的 Tensor 返回。

1. 数据模型——张量

在 TensorFlow 中，所有的数据通过张量的形式来表示。从功能的角度，张量可以简单理解为多维数组。零阶张量表示标量（Scalar），也就是一个数；一阶张量为向量（Vector），也就是一维数组；n 阶张量可以理解为一个 n 维数组。张量并没有真正保存数字，它保存的是计算过程。在 Python 中通常采用"import TensorFlow as tf"的方式来加载 TensorFlow，使得程序简洁明了。图 3.1 所示的代码定义了四个不同的张量。

```
import tensorflow as tf
node1 = tf. constant(2. 1, name = 'node1 ')
node2 = tf. constant([1,2], name = 'node2 ')
node3 = tf. constant([[1],[2]], name = 'node3 ')
node4 = tf. constant([[1,1,1],[2,2,2]], name = 'node4 ')
print(node1, node2, node3, node4)
```

图 3.1　TensorFlow 中定义张量

输出：

```
Tensor("node1:0", shape = (), dtype = float32)
Tensor("node2:0", shape = (2,), dtype = int32)
Tensor("node3:0", shape = (2, 1), dtype = int32)
Tensor("node4:0", shape = (2, 3), dtype = int32)
```

从输出中可以知道，输出的不是具体数字，而是每个张量的结构。一个张量中保存了三个属性：名字、维度和数据类型。以上四个张量的名字都由 name 定义，且 node1 是数据格式为浮点型的标量，node2 是长度为 2 的一维数组，node3 是长度为 1 的二维数组，node4 是长度为 3 的二维数组，数据都为整型。

名字不仅是张量的唯一标识符，它同样给出了这个张量是如何得到的。

维度是张量一个很重要的属性，TensorFlow 中给出了很多有关张量维度的运算函数。例如，tf. expand_dims：增加一维；tf. concat：连接张量；tf. ranspose：调换维度；tf. tile：复制；tf. reshape：变形；tf. zeros_like：赋值为 0；tf. stack：多个 tensor 合并为一个 tensor；tf. scatter_add：相加但只更新某一部分。

TensorFlow 支持 14 种不同的数据类型，其中包括实数（tf. float32, tf. float64），整数（tf. int8, tf. int16, tf. int32, tf. int64, tf. uint8），布尔型（tf. bool）和复数（tf. complex64, tf. complex128）。每个张量有唯一的一个类型，如果在定义张量时没有申明数据类型，TensorFlow 会将不带小数点的数默认为 tf. int32，将带小数点的数默认为 tf. float32。在进行张量运算时，TensorFlow 会检查所有张量的类型，当发现类型不匹配时会报错。

2. 计算模型——计算图

TensorFlow 与其他编译语言和脚本语言不同的是，它首先要通过编程，构建一个计算图出来，然后启用一个会话来把数据作为输入，通过这个图规定的计算步骤计算，最后得到结果。图 3.2 所示的代码定义了两个输入和一个加法计算来得到它们的和。

```
import tensorflow as tf
node1 = tf. constant([1,2], name = 'node1 ')
node2 = tf. constant([2,4], name = 'node2 ')
node3 = tf. add(node1, node2)
print(node3)
```

图 3.2　TensorFlow 中生成默认计算图

输出:

```
Tensor("Add:0", shape = (2,), dtype = int32)
```

图3.2 所示的代码产生了一个默认图,图中有三个节点,两个 constant( )和一个 add( ),输出结果为一个新的张量结构。名字"Add:0"说明了 node3 这个张量是由加法运算得到的第一个结果,是一个长度为 2 的一维数组,数据为整型。

除了使用默认图,TensorFlow 支持通过 tf. Graph 函数来生成新的计算图,不同计算图上的张量和运算不会共享,如图 3.3 所示。

```
import tensorflow as tf
g1 = tf. Graph( )
with g1. as_default( ):
    c = tf. get_variable("c",initializer = tf. zeros_initializer,shape = (1))
g2 = tf. Graph( )
with g2. as_default( ):
    c = tf. get_variable("c",initializer = tf. ones_initializer,shape = (1))

with tf. Session(graph = g1) as sess:
    tf. initialize_all_variables( ). run( )
    with tf. variable_scope("",reuse = True):
        print('graph = g1:',sess. run(tf. get_variable("c")))
with tf. Session(graph = g2) as sess:
    tf. initialize_all_variables( ). run( )
    with tf. variable_scope("",reuse = True):
        print('graph = g2:',sess. run(tf. get_variable("c")))
```

图3.3　TensorFlow 中生成计算图

输出:

```
graph = g1:[0.]
graph = g2:[1.]
```

上面的代码产生了两个计算图,每个计算图中定义了一个名字为 c 的变量。在计算图 g1 中,将 c 初始化为 0,在计算图 g2 中,将 c 初始化为 1。TensorFlow 中的计算图不仅可以用来隔离张量和计算,还提供了管理张量和计算的机制。

3. 运行模型——会话

TensorFlow 使用会话(session)来执行定义好的运算。会话拥有并管理 TensorFlow 程序运行时的所有资源。当所有计算完成之后需要关闭会话来帮助系统回收资源。TensorFlow 不会自动生成默认的会话,需要手动指定。生成会话的模式有两种。

第一种模式:显示调用。需要明确调用会话生成函数 tf. Session( )和关闭会话函数 sess. close( ),如图 3.4 所示。

```
import tensorflow as tf
node1 = tf. constant([1.2,2.0],name = 'node1')
node2 = tf. constant([2.0,4.1],name = 'node2')
node3 = tf. add(node1,node2)
sess = tf. Session()  #创建一个会话
print(sess. run(node3))
sess. close()  #关闭会话
```

图 3.4   TensorFlow 中生成会话的第一种模式

输出：

[3.2 6.1]

图 3.4 使用创建好的会话来得到运算结果，会话中的 sess. run( ) 函数得到了张量计算后的具体数字。使用这种模式时，无论程序是否发生异常，都应该关闭会话。

第二种模式：使用 with 代码块来自动完成关闭动作，如图 3.5 所示。

```
import tensorflow as tf
node1 = tf. constant([[1. , 2. ,3. ],[4. , 5. , 6. ]],name = 'node1')
node2 = tf. constant([[7. , 8. ],[9. , 10. ],[11. , 12. ]],name = 'node2')
node3 = tf. matmul(node1,node2)
with tf. Session() as sess:
    print(sess. run(node3))
```

图 3.5   TensorFlow 中生成会话的第二种模式

输出：

[[58.64.]

[139.154.]]

with 代码块使用 Python 上下文管理器的机制，只要将所有的计算放在 with 的内部即可。当上下文管理器退出时会自动释放所有资源。

有关 TensorFlow 的进一步介绍可详读参考文献中的《TensorFlow 深度学习算法原理与编程实战》。

●●●●●● 3.2   PyTorch 简介 ●●●●●●

Torch 是一个经典的对多维矩阵数据进行张量操作的库，在机器学习和其他数学密集型方向有着广泛应用。PyTorch 是 torch 的 Python 版本，是由 Facebook 开源的神经网络框架，专门针对 GPU 加速的深度神经网络（DNN）编程。与 TensorFlow 的静态计算图不同，PyTorch 的计算图是动态的，可以根据计算需要实时改变计算图。作为经典机器学习库 Torch 的端口，PyTorch 为 Python 语言使用者提供了舒适的写代码选择。

在 Python 中通常采用"import torch"的方式来加载 PyTorch。

1. PyTorch 张量

张量（Tensor）是 PyTorch 的基础运算单位，与 Numpy 中的 ndarray 相同，都表示一个多维的矩阵。与 ndarray 的最大区别就是，PyTorch 的 Tensor 可以在 GPU 上运行，而 numpy 的 ndarray 只能在 CPU 上运行，在 GPU 上运行大大加快了运算速度。

PyTorch 中张量的基本数据类型有五种:64 位浮点型(torch. DoubleTensor)、32 位浮点型(torch. FloatTensor)、64 位整型(torch. LongTensor)、32 位整型(torch. IntTensor)、16 位整型(torch. ShortTensor)。除以上数字类型外,还有 byte 和 chart 型。

(1)生成张量

图 3.6 用 PyTorch 生成了一个(2,2,3)大小的三阶张量。

```
import torch
x = torch. rand(2,2,3)
print(x)
print('张量 x 的尺寸:',x. shape)
print('张量中的数据类型:',x. dtype)
```

图3.6　PyTorch 生成三阶张量

输出:

```
tensor([[[0.5758, 0.6351, 0.0809],
        [0.9185, 0.7066, 0.0246]],

        [[0.9619, 0.7672, 0.0961],
        [0.5405, 0.3060, 0.5890]]])
```

张量 x 的尺寸: torch.Size([2, 2, 3])

张量中的数据类型: torch.float32

(2)张量操作

PyTorch 包含一些函数用于处理张量,包括修改张量形状[. view( )]、翻转张量[. t( )]、修改张量维度[. expand( )、. squeeze( )]等。

以修改张量形状为例,. view( )与 Numpy 中的 reshape( )相似,可以改变张量的维度和大小,如图 3.7 所示。

```
import torch
x = torch. rand(2,2,3)
y = x. view(4,3)
print(x,x. size( ))
print(y,y. size( ))
```

图3.7　PyTorch 修改张量形状

输出:

```
tensor([[[0.9161, 0.6756, 0.0760],
        [0.2506, 0.0249, 0.1431]],

        [[0.9195, 0.9225, 0.5301],
        [0.9224, 0.3870, 0.0498]]]) torch.Size([2, 2, 3])
tensor([[0.9161, 0.6756, 0.0760],
        [0.2506, 0.0249, 0.1431],
```

```
              [0.9195, 0.9225, 0.5301],
              [0.9224, 0.3870, 0.0498]]) torch.Size([4, 3])
```

（3）张量与数组之间的转换

PyTorch 可以轻松地从数组创建张量，反之亦然。这些操作很快，因为两个结构的数据将共享相同的内存空间，不涉及复制，是一种有效的方法。图 3.8 中的代码展示了数组转为张量的操作。

```
import numpy as np
import torch
print('数组转为张量')
a = np. random. randn(1,2)
t = torch. from_numpy(a)
print('原始数据类型:',type(a))
print('转换后的数据类型:',type(t))
print('数组:',a)
print('张量:',t)
```

图 3.8　PyTorch 中数组转为张量

输出：

数组转为张量

原始数据类型：< class 'numpy.ndarray' >

转换后的数据类型：< class 'torch.Tensor' >

数组：[[1.65980218 0.74204416]]

张量：tensor([[1.6598, 0.7420]], dtype = torch.float64)

2. PyTorch 工具包

PyTorch 用于搭建神经网络的主要工具包有 6 个，如表 3.1 所示。

表 3.1　PyTorch 工具包

模块	描　述
torch. autograd	自动求导机制，实现反向传播功能，torch 神经网络的核心
torch. nn	构建于 Autograd 之上，用于定义和运行神经网络
torch. optim	优化包，包含 SGD、RMSProp、LBFGS、Adam 等标准优化方式
torch. multiprocessing	Python 多进程并发，进程之间 torch Tensors 内存共享
torch. utils	数据载入器，具有训练器和其他便利功能
torch. legacy(. nn/. optim)	基于向后兼容性考虑，从 Torch 移植 legacy 代码
……	……

图 3.9 使用 PyTorch 搭建了一个简单的网络,让神经网络学会逻辑异或运算,也就是"相同取 0,不同取 1"。

```
import torch
import torch. nn as nn
import numpy as np

x = torch. tensor([[0., 0.],[0., 1.],[1., 0.],[1., 1.]])
y = torch. tensor([[1.],[0.],[0.],[1.]])

myNet = nn. Sequential(nn. Linear(2, 10), nn. ReLU(),nn. Linear(10, 1), nn. Sigmoid())# 搭
建四层网络
print(myNet)


optimzer = torch. optim. SGD(myNet. parameters(), lr = 0.05) # 设置优化器
loss_func = nn. MSELoss() #设置损失函数
for epoch in range(5000):
    out = myNet(x)
    loss = loss_func(out, y) # 计算误差
    optimzer. zero_grad() # 清除梯度
    loss. backward()
    optimzer. step()
print(myNet(x). data)
```

图 3.9 PyTorch 搭建神经网络

输出:
```
Sequential(
  (0): Linear(in_features =2, out_features =10, bias =True)
  (1): ReLU()
  (2): Linear(in_features =10, out_features =1, bias =True)
  (3): Sigmoid()
)
tensor([[0.9827],
        [0.0195],
        [0.0638],
        [0.9316]])
```

代码中使用 torch. tensor 构建输入张量与标签,使用 torch. nn 搭建网络和设置损失函数,并进行反向传播,使用 torch. optim 搭建 SGD 优化器。

●●●●● 3.3　Keras 简介 ●●●●●

Keras 是一个用 Python 编写的高级神经网络 API,它能够以 TensorFlow、CNTK 或者 Theano 作为后端运行。Keras 的开发重点是支持快速的实验。

1. Keras 基本概念

(1) 符号计算

Keras 的底层库使用 Theano 或 TensorFlow,这两个库又称为 Keras 的后端。无论是 Theano 还是 TensorFlow,都是一个"符号式"的库。符号计算首先定义各种变量,然后建立一个"计算图",计算图规定了各个变量之间的计算关系。Keras 模型搭建完毕后,模型就是一个空壳子,只有实际生成可调用的函数后,输入数据,才会将静态的计算图变成动态的数据流。

(2) 数据格式

与 TensorFlow 和 PyTorch 相同的是,张量也是 Keras 里的基础运算单位。Keras 中主要有两种模式来表示张量:

①th 模式(又称 channels_first 模式),Theano 和 caffe 使用此模式。

②tf 模式(又称 channels_last 模式),TensorFlow 使用此模式。

两种模式的唯一区别在于表示通道个数的值的位置不同。

例如,对于 100 张 RGB3 通道的 16×32(高为 16,宽为 32)彩色图,th 表示模式:(100,3,16,32),tf 表示模式:(100,16,32,3)。

2. Keras 搭建模型

Keras 中搭建神经网络的核心层包括以下几个。

①Dense 层:全连接层。

②Activation 层:激活函数层。

③Dropout 层:更新参数时随机断开部分的输入神经元连接,用于防止过拟合。

④Flatten 层:把多维的输入转化为一维,常用在从卷积层到全连接层的过渡。

⑤Reshape 层:用来将输入 shape 转换为特定的 shape。

⑥Convolution2D 层:二维卷积层对二维输入进行滑动窗口卷积。

⑦MaxPooling2D 层:为空域信号施加最大值池化。

⑧Embedding 层:嵌入层将正整数(下标)转换为具有固定大小的向量。

⑨BatchNormalization 层:该层在每个 batch 上将前一层的激活值重新规范化。

Keras 有两种类型的模型:序贯模型(Sequential)和函数式模型(Model)。函数式模型应用更为广泛,序贯模型是函数式模型的一种特殊情况。

(1)序贯模型

单输入单输出,一条路通到底,层与层之间只有相邻关系,没有跨层连接,将一些网络层 layers 通过 add( )叠加,构成一个网络。除第一层输入数据的 shape 要指定外,其他层的数据的 shape 框架会自动推导。

图3.10所示代码搭建了一个简单的序贯模型。

```
import keras
from keras. models import Sequential
from keras. layers import Dense
model = Sequential( )
model. add( Dense( units = 64, activation = 'relu ', input_dim = 100) )
model. add( Dense( units = 10, activation = 'softmax ') )
print( model. summary( ) )
```

图3.10　Keras搭建序贯模型

输出：

```
_____

Layer (type)              Output Shape            Param #
=========================================================

dense_1 (Dense)           (None, 64)              6464
_____

dense_2 (Dense)           (None, 10)              650
=========================================================

Total params: 7,114
Trainable params: 7,114
Non - trainable params: 0
_____

None
```

（2）函数式模型

多输入多输出，层与层之间任意连接，编译速度慢。函数式模型提供了接口，利用接口可以很便利地调用已经训练好的模型，如 VGG、Inception 这些强大的网络。图3.11所示代码搭建了一个简单的函数模型。

```
from keras. models import Model
from keras. layers import Input, Dense

a = Input( shape = (32,) )
b = Dense( 32) ( a)
model1 = Model( inputs = a, outputs = b)
print( model1. summary( ) )
```

图3.11　Keras搭建函数模型

输出：

```
_____

Layer (type)              Output Shape            Param #
```

```
============================================
input_1 (InputLayer)        (None, 32)            0
--------------------------------------------
dense_1 (Dense)             (None, 32)            1056
============================================
Total params: 1,056
Trainable params: 1,056
Non-trainable params: 0
--------------------------------------------
```

None

3. Keras 编译模型

网络模型搭建完后,需要对网络的学习过程进行编译,否则在调用 fit 或 evaluate 时会抛出异常。可以使用 compile(self, optimizer, loss, metrics = None, sample_weight_mode = None, weighted_metrics = None, target_tensors = None)来完成编译。其中三个重要参数如下:

①loss:指定损失函数,如 hinge、categorical_crossentropy 等。

②optimizer:指定优化方式,如 rmsprop、adam、sgd 等;

③metrics:指定衡量模型的指标,如 accuracy、scores 等。

4. Keras 训练模型

训练模型一般使用 fit( )函数,其中四个重要参数如下所示:

①x:训练数据数组。

②y:目标(标签)数据数组。

③batch_size:指定 batch 的大小,为整数或者为 None。如果没有指定,默认为 32。

④epochs:指定训练时全部样本的迭代次数,为整数。

图 3.12 所示代码中搭建了一个用于拟合(1000,100)的数据与对应的 1 000 个 0、1 标签的序列模型,并展示了编译、训练的完整过程。

```python
import numpy as np
from keras. models import Sequential
from keras. layers import Dense
model = Sequential( )
model. add( Dense( 32, activation = 'relu ', input_dim = 100))
model. add( Dense( 1, activation = 'sigmoid '))
model. compile( optimizer = 'rmsprop ',loss = 'binary_crossentropy ',metrics = [ 'accuracy '])
data , labels = np. random. random((1000, 100)), np. random. randint( 2, size = (1000, 1))
print( model. fit( data, labels, epochs = 4, batch_size = 32))
```

图 3.12　Keras 搭建完整的网络模型

输出：

```
Epoch 1/4
1000/1000[===========] - 7s 7ms/step - loss: 0.7146 - acc:
0.4770
Epoch 2/4
1000/1000[===========] - 3s 3ms/step - loss: 0.6989 - acc:
0.5190
Epoch 3/4
1000/1000[===========] - 4s 4ms/step - loss: 0.6928 - acc:
0.5180
Epoch 4/4
1000/1000[===========] - 4s 4ms/step - loss: 0.6889 - acc:
0.5340
<Keras.callbacks.History object at 0x7f7de8037b00>
```

3.4 Caffe2 简介

Caffe2 是由 Facebook 推出的一个兼具表现力、速度和模块性的开源深度学习框架。Caffe2 采用了计算图(Computation Graph)来表征神经网络或者包括集群通信和数据压缩在内的其他计算。这一计算图采用算子(Operator)的概念：在给定输入的适当数量和类型以及参数的情况下，每个算子都包含计算所必需的逻辑。

1. Caffe2 基本概念

(1)Blobs

Caffe2 的 Data 是以 blobs 的形式组织的，blobs 即是内存中被命名的 data chunk(数据块)，blobs 一般包含一个 tensor。

(2)Net

Caffe2 的基本对象是网络(net)。Net 是一种操作符(Operators)的图，每个操作符的输入为 blobs，并输出一个或多个 blobs。

(3)Workspace

Workspace 存储所有的 blobs，Workspace 在开始使用时会自动初始化。如图 3.13 所示，将 blobs 送入 workspace，并从 workspace 读取 blobs。

```
from caffe2. Python import workspace, model_helper
import numpy as np
# 创建三维随机数组
x = np. random. rand(2, 3, 2)
print(x. shape)
# 将创建的 tensor 输入到 Workspace 中，命名为"my_x"
workspace. FeedBlob("my_x", x)
```

图 3.13 Caffe2 使用 Workspace

```
x2 = workspace. FetchBlob("my_x")
print("workspace 中的 blobs：{}". format(workspace. Blobs()))
print("my_x", x2)
```

图 3.13　Caffe2 使用 Workspace(续)

输出：

```
workspace 中的 blobs:['my_x']
[[[0.37547534 0.13039057]
  [0.16330018 0.81594533]
  [0.19981842 0.20851558]]

 [[0.50792715 0.23749259]
  [0.00912003 0.86382592]
  [0.13676591 0.13871478]]]
```

2. Caffe2 搭建模型

(1)搭建模型

Caffe2 不直接构建 net,而是借助 model_helpers 来进行 net 构建, model_helpers 是创建 net 的 Python 类。可以将待创建的网络记为 first net, model_helpers. ModelHelper() 函数会另外创建两个相互关联的 nets:参数初始化网络和真实训练网络。

接下来构建一个简单网络模型用于拟合(10,100)的数据与对应的 10 个标签,网络包括以下几层:一个全连接层(FC)、一个激活层(Sigmoid)、一个损失函数层(SoftmaxWithLoss),如图 3.14 所示。

```
from caffe2. Python import workspace, model_helper
# Create model using a model helper
m = model_helper. ModelHelper(name = "first net")
# Create random fills
weight = m. param_init_net. XavierFill([], 'fc_w', shape = [10, 100])
bias = m. param_init_net. ConstantFill([], 'fc_b', shape = [10, ])
fc_1 = m. net. FC(["data", "fc_w", "fc_b"], "fc1")
pred = m. net. Sigmoid(fc_1, "pred")
softmax, loss = m. net. SoftmaxWithLoss(["pred", "label"],["softmax", "loss"])
print(m. net. Proto())
```

图 3.14　Caffe2 搭建简单网络模型

输出：

```
name: "first net"
op {
    input: "data"
    input: "fc_w"
    input: "fc_b"
```

```
      output: "fc1"
      name: ""
      type: "FC"
  }
  op {
      input: "fc1"
      output: "pred"
      name: ""
      type: "Sigmoid"
  }
  op {
      input: "pred"
      input: "label"
      output: "softmax"
      output: "loss"
      name: ""
      type: "SoftmaxWithLoss"
  }
  external_input: "data"
  external_input: "fc_w"
  external_input: "fc_b"
  external_input: "label"
```

（2）训练模型

定义好模型参数后可以开始训练模型。首先通过对前向传播中的每个 operators 创建其梯度值,然后初始化参数,接着创建训练网络,最后进行训练,如图 3.15 所示。

```
import numpy as np
data = np. random. rand(16, 100). astype(np. float32) # 创建输入数据
label = (np. random. rand(16) * 10). astype(np. int32) # 创建数据标签
workspace. FeedBlob("data", data) # 将数据输入到 workspace 中
workspace. FeedBlob("label", label)
m. AddGradientOperators([loss]) # 梯度计算
workspace. RunNetOnce(m. param_init_net) # 参数初始化
workspace. CreateNet(m. net) # 创建训练网络
# 网络训练,进行 100 x 10 迭代
for _ in range(100):
    workspace. RunNet(m. name, 10)
print('模型损失值:', workspace. FetchBlob("loss"))
```

图 3.15　Caffe2 训练模型

输出：

模型损失值：2.2993999

●●●● 3.5 Prolog 简介 ●●●●●

Prolog(Programming in LOGic)是与人工智能和计算语言学相关的逻辑编程语言。Prolog 起源于一阶逻辑(一种形式逻辑)，与许多其他编程语言不同，Prolog 主要用作声明性编程语言：程序逻辑以关系、事实和规则表示，通过对这些关系运行查询来启动计算。Prolog 语言已推广应用于许多应用领域，如关系数据库、数理逻辑、抽象问题求解、自然语言理解和专家系统等。

Prolog 作为一种说明性语言，拥有多种编译器，如 Windows 环境下的 visual - Prolog、turbo Prolog，Linux 环境下的 SWI - Prolog、gProlog，Mac 环境下的 amzi - Prolog，等等。有些编译器可以跨平台使用。

1. Prolog 基本语法

(1)常量和变量

Prolog 语言提供了统一的数据结构，即项(term)，无论程序还是数据，都是由项构成。项包括常量、变量以及复合项。

常量又包括原子和数字，原子是小写字母开头的字母数字串。

变量是大写字母开头的字母数字串。

比如"ABC = abc."这个语句，其中"abc"是一个原子常量，"ABC"是变量，值为 abc。在 Prolog 中每个语句以"."表示结尾。

复合项是一种结构化的数据对象。一个复合项由一个函子和若干变元组成，比如函子名为 point，变元为 X、Y、Z 的一个复合项可记作"point(X,Y,Z)"。

(2)事实

事实为两个对象之间的关系，使用括号表示。比如，"苏格拉底是一个人"为一个事实，表示为"man(socrates)."。

(3)规则

规则是对领域事实的推论。比如，"所有人都是凡人"这是一个推论，表示为"mortal(X) : - man(X)."。如果"man(X)"为真，则"mortal(X)"也为真。

如果一条规则取决于多个条件同时为真，则条件之间用逗号分开。例如：X 是 Y 的母亲取决于两个条件，Y 是 X 的小孩，X 必须是女性，则对应的规则语句为"mother(X, Y) : - child(Y,X), female(X)."。

如果一条规则取决于某个条件为假，则在条件之前加上 \ + 表示否定。例如：A 与 B 不是朋友，对应的规则语句为"notfriend(A,B) : - \ + friend(A,B)."。如果"friend(A,B)"为假，则"notfriend(A,B)"为真。

(4)查询

查询是一种模式匹配过程，如果有某个事实与目标匹配，则查询成功。例如，基于以上事实和规则,有一个查询"苏格拉底是凡人吗?",可以表示为"? - mortal(socrates)."。

2. Prolog 实例

Prolog 在脚本. pl 文件中输入事实与规则语句,然后在终端运行询问语句。图 3.16 所示的 test. pl 脚本代码中展示了一个查询朋友的例子。

```
friend(john, julia).
friend(john, jack).
friend(julia, sam).
friend(julia, molly).
friend(X, Y) : - friend(Y,X).
```

图 3.16　test. pl 脚本

在终端进行编译,如图 3.17 所示。

```
$ gprolog
| ? - [test].
```

图 3.17　编译 test. pl

输出:

```
yes
```

查询语句 1,如图 3.18 所示。

```
| ? - friend(jack,john).
```

图 3.18　查询 john 是否为 jack 的朋友

输出:

```
no
```

查询语句 2,如图 3.19 所示。

```
| ? - friend(john,Who).
```

图 3.19　查询 john 有哪些朋友

输出:

```
Who = julia? ;
Who = jack
```

●●●●● 3.6　搜索策略工具简介　●●●●●

搜索策略工具主要由两部分组成,分别是状态函数和操作函数,以上函数可以通过 Python 代码进行调用。

1. 状态函数

状态函数用于获取当前状态中位置可以移动的方向,如图 3.20 所示。

```
from rule import get_actions
A = np. array([[0,3],[1,2]])
print('可移动位置:',get_actions(A))
```

图 3.20 状态函数

输出:

可移动位置:[(0,1),(1,0)]

由输出可知,当前状态可进行移动的方向是 0 的右侧和下方。

2. 操作函数

操作函数用于计算评估函数结果,即初始状态到目标状态的实际代价,与从当前到目标节点的估计代价之和。图 3.21 所示代码中初始状态矩阵为[[0,3],[1,2]],目标状态矩阵为[[1,0],[2,3]]。

```
node = {'vec': np. array([[0,3],[1,2]]), 'dis': 3, 'step': 0, 'action':[(0,1),(1,0)],
'parent': {}}
action = [(0,1),(1,0)]
step = 0
goal = np. array([[1,0],[2,3]])
expand(node, action, step,goal)
```

图 3.21 操作函数

输出:

```
[{'parent': {'vec': array([[0, 3], [1, 2]]),'dis': 3,'step': 0,
'action':[(0,1), (1, 0)],'parent': {}},
  'vec': array([[3, 0],[1, 2]]),'dis': 5,'step': 1,'action':[(0, -1),
  (1, 0)]},
 {'parent': {'vec': array([[0, 3], [1, 2]]),'dis': 3,'step': 0,
'action':[(0,1), (1, 0)],'parent': {}},
  'vec': array([[1, 3],[0, 2]]),'dis': 3, 'step': 1,'action':[(0,1),
  (-1, 0)]}]
```

输出结果中,第一行与第二行是一次操作,第三行与第四行是第二次操作。以第一次操作为例,进行的操作为[(0,-1),(1,0)],操作结果为[[3,0],[1,2]],即将初始状态中位于 0 右侧的数左移,此状态的 f 值为 5。

第4章

实 验 数 据

1. 数据重要性

人工智能应用开发由算法、数据和基础平台构成,由此可知数据是人工智能的三大基础之一。从数据中寻找答案、从数据中发现模式、从数据中找出规律等,这些都是人工智能所做的事情。没有数据,机器就没法学习,一切算法都无从谈起。互联网发展到今天,最大的贡献是数据,正是因为数据的积累,才使得人工智能得到发展。

人工智能中的数据与一般计算数据不同,需要大量的数据。在相同算法与平台的环境下,获得越多的有效数据,才能得到更正确的结果。

本平台集成了人工智能导论所有实验的数据,减少用户搜集、清洗数据的烦琐步骤,可基于平台直接进行实验操作,方便快捷。

2. 实验数据

所有的实验数据如表4.1~表4.14所示。

(1)糖尿病数据

表4.1　糖尿病数据

数据存放	平台:人工智能导论实验/糖尿病数据/pima – indians – diabetes. csv	
数据介绍	样本数量	768个
	特征数量	8个
	各特征含义	怀孕次数、血糖、血压、皮脂厚度、胰岛素、BMI 身体质量指数、糖尿病遗传函数、年龄
	标签数量	2个
	标签含义	0 表示未患糖尿病,1 表示着患有糖尿病
	数据展示	$\begin{bmatrix} 6 & 148 & 72 & 35 & 0 & 33.6 & 0.627 & 50 & 1 \end{bmatrix}$ $\begin{bmatrix} 1 & 85 & 66 & 29 & 0 & 26.6 & 0.351 & 31 & 0 \end{bmatrix}$ $\begin{bmatrix} 2 & 197 & 70 & 45 & 543 & 30.5 & 0.158 & 53 & 1 \end{bmatrix}$ ……
对应实验	人工神经网络实验	

（2）鸢尾花数据

表4.2　鸢尾花数据

数据存放	Sklearn 自带数据集	
数据介绍	样本数量	150 个
	特征数量	4 个
	各特征含义	花萼的长度、花萼的宽度、花瓣的长度、花瓣的宽度
	标签数量	3 个
	标签含义	0,1,2 表示三种鸢尾花的种类
	数据展示	[5.1　3.5　1.4　0.2　Setosa] [4.9　3.0　1.4　0.2　Setosa] [4.6　3.1　1.5　0.2　Setosa] ……
对应实验	人工神经网络实验——课后习题	
	决策树实验——课后习题	

（3）计算机销售数据

表4.3　计算机销售数据

数据存放	平台:人工智能导论实验/计算机销售数据/computer – sales. xlsx	
数据介绍	样本数量	14 个
	特征数量	4 个
	各特征含义	年龄、收入、是否为学生、信用评级
	标签数量	2 个
	标签含义	yes 为购买了计算机,no 为未购买计算机
	数据展示	[youth high no fair no] [middle_aged high no fair yes] [senior medium no fair yes] ……
对应实验	决策树实验	

（4）商品数据

表4.4　商品数据

数据存放	平台：人工智能导论实验/商品数据/ Market_Basket_Optimisation.csv	
数据介绍	样本数量	7 500 条
	样本含义	每条样本代表顾客购买的物品种类
	数据展示	［shrimp almonds avocado vegetables green grapes］ ［burgers meatballs eggs］ ［turkey frozen eggs chicken saimon milk］ ……
对应实验	关联学习实验	

（5）观影数据

表4.5　观影数据

数据存放	平台：人工智能导论实验/观影数据/ movie_dataset.csv	
数据介绍	样本数量	7 500 条
	样本含义	每条样本代表观众观看过的电影
	数据展示	［Ninja Turtles Moana Grinch Mad Max Martian］ ［X-Men Allied Thor Intern John Wick］ ［Kingsman Thor Intern Avengers X-Men］ ……
对应实验	关联学习实验——课后习题	

（6）期中考试数据

表4.6　期中考试数据

数据存放	平台：人工智能导论实验/期中考试数据/socre.csv	
数据介绍	样本数量	100 个
	特征数量	2 个
	各特征含义	语文成绩、数学成绩
	标签数量	4 类
	标签含义	4 种类型学生
	数据展示	［83 81］ ［92 90］ ［87 93］ ……
对应实验	聚类学习实验	

（7）书本数据

表 4.7　书本数据

数据存放	平台：人工智能导论实验/书本数据/book.csv	
数据介绍	样本数量	200 个
	特征数量	2 个
	各特征含义	每本书"机器学习"和"深度学习"字样出现频率
	标签数量	4 个
	标签含义	4 种书本类别
	数据展示	$[\,0.219\,525\ \ 0.286\,076\,]$ $[\,0.241\,105\ \ 0.217\,953\,]$ $[\,0.175\,035\ \ 0.356\,709\,]$ ……
对应实验	聚类学习实验——课后习题	

（8）Fashion_mnist 数据

表 4.8　Fashion_mnist 数据

数据存放	TensorFlow 自带数据集	
数据介绍	样本数量	70 000 个
	样本含义	每个样本为一个商品的正面图片
	标签数量	10 个
	标签含义	10 种服饰类别
	数据展示	 ……
对应实验	深度学习实验	

（9）手写字 MNIST 数据

表 4.9　手写字 MNIST 数据

数据存放	TensorFlow 自带数据集	
数据介绍	样本数量	70 000 个
	样本含义	每个样本为 0 到 9 总计 10 个数字的手写图片
	标签数量	10 个
	标签含义	0 到 9 的 10 个数字
	数据展示	 ……
对应实验	深度学习实验——课后习题	

（10）西游记数据

表4.10　西游记数据

数据存放	平台:人工智能导论实验/西游记数据/西游记三元组.csv	
数据介绍	样本数量	18 条
	样本含义	每一条表示一条人物三元组关系
	数据展示	［孙悟空 师傅 菩提老祖］ ［孙悟空 武器 金箍棒］ ［金蝉子 师从 如来佛祖］ ……
对应实验	知识图谱实验	

（11）神雕侠侣人物数据

表4.11　神雕侠侣人物数据

数据存放	平台:人工智能导论实验/神雕侠侣人物数据/神雕侠侣.csv	
数据介绍	样本数量	36 条
	样本含义	每一条表示一条人物三元组关系
	数据展示	［杨过 妻子 小龙女］ ［杨过 母亲 穆念慈］ ［小龙女 祖师 林朝英］ ……
对应实验	知识图谱实验——课后习题	

（12）人脸图片数据

表4.12　人脸图片数据

数据存放	平台:人工智能导论实验/人脸图片数据/face.jpg	
数据介绍	样本数量	1 张
	样本含义	1 张包含四个人物正脸的图片
对应实验	计算机视觉实验	
	计算机视觉实验——课后习题	

（13）天龙八部文本数据

表4.13　天龙八部文本数据

数据存放	平台：人工智能导论实验/天龙八部文本数据/天龙八部.txt	
数据介绍	样本数量	1本
	样本介绍	金庸先生所著《天龙八部》全文
	数据展示	那女子左足在地下一顿，嗔道："阿朱、阿碧，都是你们闹的，我不见外间不相干的男人。"说着便向前行，几个转折，身形便在山茶花丛中冉冉隐没。 　　……
对应实验	自然语言处理	

（14）神雕侠侣文本数据

表4.14　神雕侠侣文本数据

数据存放	平台：人工智能导论实验/神雕侠侣文本数据/神雕侠侣.txt	
数据介绍	样本数量	1本
	样本介绍	金庸先生所著《神雕侠侣》全文
	数据展示	从山上望下去，见道旁有块石碑，碑上刻着一行大字："唐工部郎杜甫故里。"杨过道："襄阳城真了不起，原来这位大诗人的故乡便在此处。" 　　……
对应实验	自然语言处理——课后习题	

第 5 章

实　验

●●●●● 实验1　知识获取之搜索策略 ●●●●●

1. 实验目的

①掌握上机操作知识获取之搜索策略实验的相关程序。

②加深对知识获取之搜索策略的理解。

③增强建立模型与实践操作的能力。

2. 实验介绍

搜索是人工智能中的一个核心技术,是推理不可分割的一部分,它直接关系到智能系统的性能和运行效率。搜索问题中,主要的工作是找到正确的搜索策略。

在搜索策略中一般采用状态空间法来进行知识表示,将问题转化为状态空间图。状态空间法由状态和操作两部分组成。搜索则采用搜索算法思想作为引导,在状态空间图中从初始状态不断用操作做搜索,最后在搜索空间上以较短的时间获得目标状态。在状态空间中一般的初始状态仅为一个状态称为根状态,以此为起点搜索所生成的是一棵有向树,称为搜索树。一般的状态空间搜索方法有枚举、深度优先搜索、广度优先搜索、启发式搜索等。

搜索的基本规则是以初始节点为根节点,按照既定的策略对状态空间图进行遍历,并希望能够尽早发现目标节点,尽量避免无用搜索。

人工智能中的搜索分为两个阶段:状态空间的生成阶段和在该状态空间中对所求问题状态的搜索。搜索方法大体分为两种:盲目搜索和启发式搜索。盲目搜索是指不知道接下来要搜索的状态哪一个更加接近目标的搜索策略,包括深度优先搜索和广度优先搜索;而启发式搜索则是用评价函数来衡量哪一个状态更加接近目标状态,并优先对该状态进行搜索,因此与盲目搜索相比往往能够更加高效地解决问题。下面将详细介绍启发式搜索。

3. 算法介绍

启发式算法的核心思想是评价函数:$f(n) = g(n) + h(n)$,其中 $g(n)$ 是从 S_0 到 S_n 的实际代价,$h(n)$ 是从 N 到目标节点的估计代价。启发式算法中有两个表,分别是用于存放待扩展的节点的 OPEN 表和存放已被扩展过的节点 CLOSED 表。算法流程如下：

①把初始节点 S_0 放入 OPEN 表中。

②若 OPEN 表为空,则搜索失败,退出。

③移出 OPEN 中第一个节点 N 放入 CLOSED 表中,并标以顺序号 n。

④若目标节点 Sg = N,则搜索成功,结束。

⑤若 N 不可扩展,则转第②步。

⑥扩展 N,生成一组子节点,放入 OPEN 表,按 f 值重新排序 OPEN 表,转第②步。

4. 实验内容

在 2×2 的棋盘上摆有三个棋子,每个棋子上标有 1~3 的某一数字,不同棋子上标的数字不同。棋盘上还有一个空格,与空格相邻的棋子可以移到空格中。如图 5.1 所示,初始状态为左图,目标状态为右图。

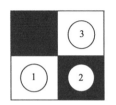 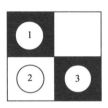

图 5.1 棋盘示意图

现在希望能将棋子从左图初始状态转移为右图目标状态,可用的操作有空格左移、空格上移、空格右移、空格下移,即只允许把位于空格上、下、左、右的棋子移入空格。请使用启发式搜索算法找出移动棋子步数最少的移动路径。

5. 实验流程

(1)实验步骤

①调用相应的模块。

②创建初始状态空间、目标状态空间。

③操作,得出最短路径解。

(2)实验代码

①首先需要调用一些程序,如图 5.2 所示。

```
#导入需要的包
# get_actions 函数用于获取旗子在矩阵中的位置,即初始状态
# get_ManhattanDis 函数计算目标矩阵和当前矩阵的曼哈顿距离
# expand 函数计算当前节点的 f 值,即评估函数结果
from rule import get_actions ,get_ManhattanDis,expand,node_sort,get_parent
import numpy as np
```

图 5.2 调用程序

②创建初始状态空间、目标状态空间,操作如图5.3所示。

```
goal = {}
openlist = []          #open 表
close = []             #存储扩展的父节点


A = np. array([[0,3],[1,2]])#初始状态
B = np. array([[1,0],[2,3]])#目标状态
goal['vec'] = B        #建立矩阵
p = {}
p['vec'] = A
#计算两个矩阵的曼哈顿距离,goal['vec']为目标矩阵,p['vec']为当前矩阵
p['dis'] = get_ManhattanDis(goal['vec'],p['vec'])
p['step'] = 0
p['action'] = get_actions(p['vec'])          #根据 num 元素获取 num 在矩阵中的位置
p['parent'] = {}
```

图5.3　创建初始状态空间、目标状态空间

③操作如图5.4所示,得出最短路径解如图5.5所示。

```
openlist. append(p)
while openlist:
    children = []
    node = openlist. pop()        #node 为字典类型,pop 出 open 表的最后一个元素
    close. append(node)           #将该元素放入 close 表
    if (node['vec'] == goal['vec']). all():  #比较当前矩阵和目标矩阵是否相同
        #将结果写入文件 并在控制台输出
        print('路径长:' + str(node['dis']))
        print('解的路径:')
        i = 0
        way = []
        while close:
            way. append(node['vec'])        #从最终状态开始依次向上回溯将
            其父节点存入 way 列表中
            node = get_parent(node)
            if(node['vec'] == p['vec']). all():
                way. append(node['vec'])
                break
```

图5.4　操作,得出最短路径解

```
while way:
    i += 1
    print(str(i))
    print(str(way.pop()))
break
#expand 函数更新该节点的 f 值 f = g + h(step + child[dis]),即评估函数
children = expand(node,node['action'],node['step'],goal['vec'])
for child in children:#如果转移之后的节点,既不在 close 表也不再 open 表则
插入 open 表,如果在 close 表中则舍弃,如果在 open 表则比较这两个矩阵的 f
值,留小的在 open 表
    f,flag,j = False ,False ,0
    for i in range(len(openlist)):
        if (child['vec'] == openlist[i]['vec']).all():
            j = i
            flag = True
            break
    for i in range(len(close)):
        if(child['vec'] == close[i]).all():
        f = True
        break
    if f == False and flag == False :
        openlist.append(child)
    elif flag == True:
        if child['dis'] < openlist[j]['dis']:
            del openlist[j]
            openlist.append(child)
openlist = node_sort(openlist)        #对 open 表进行从大到小排序
```

图5.4　操作,得出最短路径解(续)

由图5.5可知最优路径长为3,路径如图5.6所示。

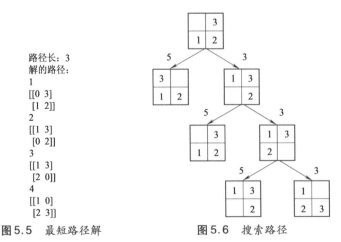

路径长: 3
解的路径:
1
[[0 3]
 [1 2]]
2
[[1 3]
 [0 2]]
3
[[1 3]
 [2 0]]
4
[[1 0]
 [2 3]]

图5.5　最短路径解　　　　　　图5.6　搜索路径

6.课后习题

(1)题目

在2×2的棋盘上摆有三个棋子,每个棋子上标有1~3的某一数字,不同棋子上标的数字不同。棋盘上还有一个空格,与空格相邻的棋子可以移到空格中。如图5.7所示,初始状态为左图,目标状态为右图。

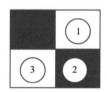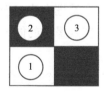

图5.7 2×2棋盘示意图

现在希望能将棋子从左图初始状态转移为右图目标状态,并找出移动棋子步数最少的移动路径。可用的操作有空格左移、空格上移、空格右移、空格下移,即只允许把位于空格上、下、左、右的棋子移入空格。

请使用搜索策略算法,定义初始矩阵和目标矩阵、调用可移动位置函数、距离函数、评估函数、排序函数、获取父节点函数,进行搜索。请根据以上内容写出操作流程,并使实验结果与提供的答案一致。

(2)答案(见图5.8)

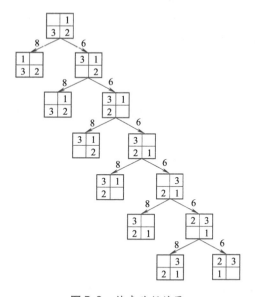

图5.8 搜索路径结果

7. 附录

①https://baike. baidu. com/item/% E6% 90% 9C% E7% B4% A2% E7% AD% 96% E7% 95% A5(实验介绍)。

②https://www.cnblogs.com/Jm-15/p/9692687. html(算法介绍)。

●●●●● 实验 2　知识获取之推理方法 ●●●●●

1. 实验目的

①掌握上机操作知识获取之推理方法实验的相关程序。

②加深对知识获取之推理方法的理解。

③增强建立模型与实践操作的能力。

2. 实验介绍

推理方法是一种典型的演绎型知识获取方法,它以已知知识为前提,通过不断使用推理从而最终获得新知识。基于谓语逻辑的知识推理方法是人工智能发展早期常用的方法,它有严格的数学理论支撑,理论严峻、逻辑清楚,适合简单的演绎性知识推理。

谓词逻辑中的推理方法称为自然推理方法,常用的有三种:永真推理、假设推理与反证推理。计算机模拟推理过程的实现还需要规范化的表示与标准的操作过程。由规范化的表示建立起谓词逻辑子句表示形式,并在此形式之上使用一种归结原理的算法思想,只要定理是真的,总可以用此算法推导而得定理。这种方法就称为谓词逻辑的自动证明定理。

在现实世界中的问题只要能用谓词逻辑标准的形式表示,就可以用归结原理所设计的算法实现,再将此算法用计算机编程实现,从而可以做到用计算机程序自动证明定理。最先实现基于谓词逻辑的逻辑程序设计语言是 Prolog,可以用它在计算机上实现自动推理。

3. 算法介绍

Prolog(Programming in logic)是一种与众不同的语言,不用来开发软件,而用于专门解决逻辑问题。比如,"苏格拉底是人,人都会死,所以苏格拉底会死"这一类的问题。接下来简单介绍如何使用 Prolog 语言。

(1)常量和变量

Prolog 的变量和常量规则很简单:小写字母开头的字符串,就是常量;大写字母开头的字符串,就是变量。比如 write(abc). 和 write(Abc).,其中 abc 是常量,输出为自身,Abc 是变量,输出是该变量的值。

(2)关系和属性

两个对象之间的关系,使用括号表示。比如,jack 的朋友是 peter,写成 friend(jack,peter).。

(3)规则

规则是推理方法,即如何从一个论断得到另一个论断。比如,定下一条规则:所有的朋友关系都是相互的,则规则表达式为:friend(X,Y):－friend(Y,X).。

以上代码中,X 和 Y 都是大写,表示这是两个变量。符号:－表示推理关系,含义是只要右边的表达式 friend(Y,X)为 true,那么左边的表达式 friend(X,Y)也为 true。因此,根据这条规则,friend(jack,peter)就可以推理得到 friend(peter,jack)。

另一条表达 X 单相思 Y 的规则:onesidelove(X,Y): – loves(X,Y),\ + loves(Y,X).。

以上代码中,如果一条规则取决于某个条件为 false,则在条件之前加上\ + 表示否定,那么这个表达式 onesidelove(X,Y)的结果取决于两个条件,第一个条件是 X 喜欢 Y,第二个条件是 Y 不喜欢 X。

(4)查询

Prolog 支持查询已经设定的条件。假设已经定义了朋友推理规则,查询 john 和 jack 是否为朋友,表达式为? – friend(john,jack).。返回 true 表示推理两人为朋友,返回 false 表示推理两人不是朋友。

4.实验内容

现在有一个人要从昆明去黑龙江,地图如图 5.9 所示。请使用 Prolog 寻找他所有的可行路径。

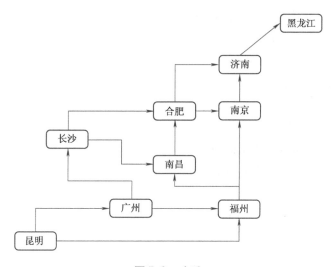

图 5.9　地图

5.实验流程

(1)实验步骤

①定义已知条件。

②定义规则。

③定义表达式。

④加载脚本。

⑤进行查询,得出结论。

(2)实验代码

①在脚本 map.pl 中定义已知条件,操作如图 5.10 所示。

% 定义条件,若 a,b 为单向的路线则用 edge 表示为 edge(a,b)。

edge(kunming,guangzhou). edge(kunming,fuzhou).

edge(guangzhou,changsha). edge(guangzhou,fuzhou).

edge(changsha,hefei). edge(changsha,nanchang).

edge(nanchang,hefei).

edge(hefei,nanjing). edge(hefei,jinan).

edge(fuzhou,nanchang). edge(fuzhou,nanjing).

edge(nanjing,jinan).

edge(jinan,heilongjiang).

图 5.10 定义已知条件

②在脚本 map. pl 中定义规则,如图 5.11 所示。

% 规则一:如果点 A 和点 B 单向连接,则从点 A 到点 B 的路径 edge(A,B) 为 true

travel(A,B,P,[B|P]):-

    edge(A,B).

% 规则二:如果点 A 可以连接到点 B,且点 A 可以连接到点 C,节点 C 不在之前访问的路径上,继续寻找从点 C 到点 B 的路径。

travel(A,B,Visited,Path):-

    #点 A 连接点 C,且点 C 与点 B 不同

    edge(A,C),

    C \\ == B,

    \\ + member(C,Visited),

    #寻找点 C 到点 B 的路径,Visited 为点 C 到点 B 的中可能的路径,输出为路径逆序[B,Visited,C|Visited]

    travel(C,B,[C|Visited],Path).

图 5.11 定义规则

③在 map. pl 中定义表达式,如图 5.12 所示。

% 定义寻找路径表达式

path(A,B,Path):-

    travel(A,B,[A],Q),

    #如果 Q 的元素与 Path 的顺序相反,则为 true

    reverse(Q,Path).

图 5.12 定义表达式

④加载脚本,如图 5.13 所示。

% 加载脚本

? -[map].

图 5.13 加载脚本

⑤进行查询,如图 5.14 所示。得出推理结果如图 5.15 所示。

```
% 进行查询
? - path(kunming,heilongjiang,P).
```

图5.14　进行查询

```
yes
| ?- path(kunming,heilongjiang,P).

P = [kunming,guangzhou,changsha,hefei,nanjing,jinan,heilongjiang] ? ;

P = [kunming,guangzhou,changsha,hefei,jinan,heilongjiang] ? ;

P = [kunming,guangzhou,changsha,nanchang,hefei,nanjing,jinan,heilongjiang] ? ;

P = [kunming,guangzhou,changsha,nanchang,hefei,jinan,heilongjiang] ? ;

P = [kunming,guangzhou,fuzhou,nanchang,hefei,nanjing,jinan,heilongjiang] ? ;

P = [kunming,guangzhou,fuzhou,nanchang,hefei,jinan,heilongjiang] ? ;

P = [kunming,guangzhou,fuzhou,nanjing,jinan,heilongjiang] ? ;

P = [kunming,fuzhou,nanchang,hefei,nanjing,jinan,heilongjiang] ? ;

P = [kunming,fuzhou,nanchang,hefei,jinan,heilongjiang] ? ;

P = [kunming,fuzhou,nanjing,jinan,heilongjiang] ? ;
```

图5.15　推理结果

由推理结果可知,从昆明到黑龙江的可行路径有 10 条。

6.课后习题

(1)题目

有一道四位数加法趣味题:SEND + MORE = MONEY,如图 5.16 所示,题中的每个字母代表一个 0~9 的数字,且字母所代表的数字不能重复,要求根据加法结果推理出每个字母所代表的数字。

```
      S  E  N  D
+     M  O  R  E
_____
   M  O  N  E  Y
```

图5.16　填数示意图

根据以上的内容写出操作流程(包含定义填数规则、加载脚本、进行查询),并使实验结果与提供的答案一致。

(2)答案(见图5.17)

```
| ?- solve(S, E, N, D, M, O, R, Y).

D = 7
E = 5
M = 1
N = 6
O = 0
R = 8
S = 9
Y = 2 ? ;
```

图5.17　推理结果

7.附录

①https://www.jianshu.com/p/ef265fe67111(实验介绍)。

②https://www.cpp.edu/~jrfisher/www/Prolog_tutorial/2_15.html (实验)。

③https://www.cnblogs.com/hozhangel/p/7778771.html(课后习题)。

●●●●● 实验3　人工神经网络 ●●●●●

1. 实验目的

①让学生上机操作人工神经网络实验的相关程序。

②加深对人工神经网络的理解。

③增强建立模型与实践操作的能力。

2. 实验介绍

人工神经网络自问世以来,已应用在各个领域,可以大致分为三类:模式分类、预测分析、控制优化。

分类方面,基于人工神经网络的子宫颈筛查系统被美国食品和药物管理局用于帮助细胞技术人员发现癌细胞;预测方面,Deere&Co 养老基金、LBS Capital Management、富达国际股票基金等公司都采用过人工神经网络进行投资组合选择和管理;医疗方面,人工神经网络能够从心电图的输出波预测/确认心肌梗塞,能通过分析电极—脑电图模式识别痴呆;工业方面,制造业中的工业调度以及涉及车辆或电信的高效路线问题都应用到了人工神经网络。

3. 算法介绍

人工神经网络(Artificial Neural Network,ANN),是 20 世纪 80 年代以来人工智能领域兴起的研究热点。它从信息处理角度对人脑神经元网络进行抽象,建立某种简单模型,按不同的连接方式组成不同的网络。

(1)基本人工神经元介绍

人工神经网络中其基本单位是人工神经元,每个神经元一般由输入、输出及内部结构三部分组成。一个典型的神经元模型如图 5.18 所示,其包含三个输入、一个输出以及一个内部结构(包含加法器、偏差值与激活函数)。

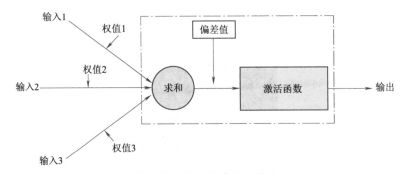

图 5.18　典型的神经元模型

其中,常用的激活函数有 ReLU 函数、Sigmoid 函数、Softmax 函数等。

①ReLU 函数。ReLU 函数是一种非常简单的激活函数。它的数学形式如下:

$$h(x) = \begin{cases} x & (x > 0) \\ 0 & (x \leqslant 0) \end{cases}$$

它的几何图形如图 5.19 所示。

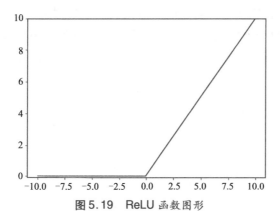

图 5.19 ReLU 函数图形

由图 5.19 可知,当输入大于 0 时,则直接输出该值;当输入小于等于 0 时,则输出为 0。常用于隐藏层激活函数。

②Sigmoid 函数。Sigmoid 函数是常用的非线性的激活函数,它的数学形式如下:

$$h(x) = \frac{1}{1 + e^{-x}}$$

它的几何图形如图 5.20 所示。

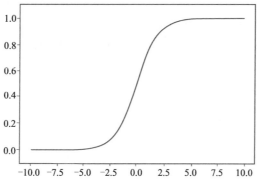

图 5.20 Sigmoid 函数图形

由图 5.20 可知,Sigmoid 函数是一条平滑的曲线,它能够把输入的连续实值变换为 0 和 1 之间的输出。当输入为非常大的负数,输出则为 0;当输入为非常大的正数,输出则为 1。对于二分类问题,输出层使用 Sigmoid 函数更优。

③Softmax 函数。Softmax 函数常在神经网络输出层充当激活函数,用来处理多分类问题,将输出层的值通过激活函数映射到 0~1 区间,将神经元输出构造成概率分布,激活函数映射值越大,则真实类别可能性越大。它的数学形式如下:

$$a_j = \frac{e^{z_j}}{\sum_{\kappa} e^{z_k}}$$

(2)基本人工神经网络

人工神经元按照一定规则组成人工神经网络,如图 5.21 所示。最左边一列称为输入层,最右边一列称为输出层,中间一列称为中间层。中间层有时又称为"隐藏层"。设计一个神经网络时,输入层与输出层的节点数往往是固定的,中间层则可以自由指定。神经元之间的每个连接线对应一个不同的权重(其值称为权值),一个神经网络的训练算法就是让权值调整到最佳,以使得整个网络的预测效果最好。

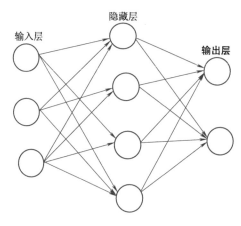

图5.21 人工神经网络模型

(3)评估

在机器学习中,评估是一个必要的工作,而其评价指标往往有如下几点:准确率(Accuracy)、精确率(Precision)、召回率(Recall)和 F1-Measure。

在阐述评价指标前,先定义 TP、FN、FP 和 TN 四种分类情况:

- TP:正类判定为正类。
- FN:正类判定为负类。
- FP:负类判定为正类。
- TN:负类判定为负类。

①准确率(Accuracy)。对于给定的测试数据集,正确分类的样本数与总样本数的比例,公式为:

$$A = \frac{TP + TN}{TP + FP + FN + TN}$$

②精确率(Precision)。指所有正确被检索的结果(TP)占所有实际被检索到的(TP + FP)的比例,公式为:

$$P = \frac{TP}{TP + FP}$$

③召回率(Recall)。指所有正确被检索的结果(TP)占所有应该检索到的(TP + FN)的比例,公式为:

$$R = \frac{TP}{TP + FN}$$

④F1-Measure。F1 的值为精确率和召回率的调和均值,公式为:

$$F1 = \frac{2TP}{2TP + FP + FN}$$

4. 实验内容

由于美国亚利桑那州的比马印第安人患糖尿病概率极高, 为此调查了 21 岁以上的女性患者, 并记录了以下信息:

①num_preg 代表怀孕次数。

②blood_glucose 代表血糖。

③blood_pressure 代表血压。

④skin_thickness 代表皮脂厚度。

⑤insulin 代表胰岛素。

⑥BMI 代表体质指数。

⑦diabetic_pedi 代表糖尿病血统。

⑧age 代表年龄。

⑨label 代表是否患糖尿病。

表 5.1 所示为糖尿病患者特征。

表 5.1 糖尿病患者特征

num_preg	blood_glucose	blood_pressure	skin_thickness	insulin	BMI	diabetic_pedi	age	label
6	148	72	35	0	33.6	0.627	50	1
1	85	66	29	0	26.6	0.351	31	0
8	183	64	0	0	23.3	0.672	32	1
1	89	66	23	94	28.1	0.167	21	0
0	137	40	35	168	43.1	2.288	33	1
5	116	74	0	0	25.6	0.201	30	0
3	78	50	32	88	31	0.248	26	1
10	115	0	0	0	35.3	0.134	29	0
2	197	70	45	543	30.5	0.158	53	1
…	…	…	…	…	…	…	…	…

完整数据保存在平台"人工智能导论实验/糖尿病数据/pima-indians-diabetes. csv"中。现需要设计一个人工神经网络, 算出各权值并使其准确率(Accuracy)达到 70% 以上。通过训练好的模型来辅助判断患者是否为糖尿病患者。

5. 实验流程

(1)实验步骤

①导入必需的包, 调用 keras、numpy 等模块。

②导入数据,将数据(共 768 条)导入并将数据按照 8:2 的比例分为训练数据和测试数据。

③定义 BP 模型

输入层:8 个输入变量,与数据特征维度一致。

隐藏层:第一个隐藏层包含 12 个神经元,激活函数采用 ReLU 函数;第二个隐藏层包含 8 个神经元,激活函数采用 ReLU 函数。

输出层:1 个神经元,激活函数采用 Sigmoid 函数。

④编译模型。

⑤训练模型并得出权值。

⑥评估模型。

(2)实验代码

①导入必需的包,操作如图 5.22 所示。

```
#导入需要的包
from keras. models import Sequential
from keras. layers import Dense
import numpy as np
from sklearn. model_selection import train_test_split
```

图 5.22　调用程序模块

②导入数据。导入数据并将数据按照 8:2 的比例分为训练数据和测试数据,操作如图 5.23 所示。

```
# 导入数据
dataset = np. loadtxt('pima – indians – diabetes. csv ',delimiter = ',')


# 分割输入 X 和输出 Y
X = dataset[ :,0 : 8]
Y = dataset[ :,8]


# 将数据按照 8:2 比例分成训练集和测试集
x_train,x_test,y_train,y_test = train_test_split(X,Y,test_size =0. 2,random_state =1)
print(x_train. shape)
print(x_test. shape)
```

图 5.23　导入数据

③定义 BP 模型。输出层有 8 个变量,与数据特征维度一致;第一个隐藏层设计 12 个神经元,且采用 ReLU 激活函数,glorot 均匀分布初始化器,偏差值初始为 0;第二个隐藏层设计 8 个神经元,且采用 ReLU 激活函数;输出层为 1 个神经元,且采用 Sigmoid 激活函数,操作如图 5.24 所示。

```
# 创建模型
model = Sequential( )
# 输入层8个变量,与数据维度一致
# 第一个隐藏层有12个神经元,且采用 ReLU 激活函数,glorot 均匀分布初始化
器,偏差值初始为0
model. add( Dense( 12, input_dim = 8, activation = 'relu ', kernel_initializer = 'glorot_
uniform ', bias_initializer = 'zeros ') )
# 第二个隐藏层有8个神经元,且采用 ReLU 激活函数
model. add( Dense(8, activation = 'relu ') )
# 输出层1个神经元,且采用 Sigmoid 激活函数
model. add( Dense(1, activation = 'sigmoid ') )
```

图 5.24　定义 BP 模型

人工神经网络模型结构如图 5.25 所示。

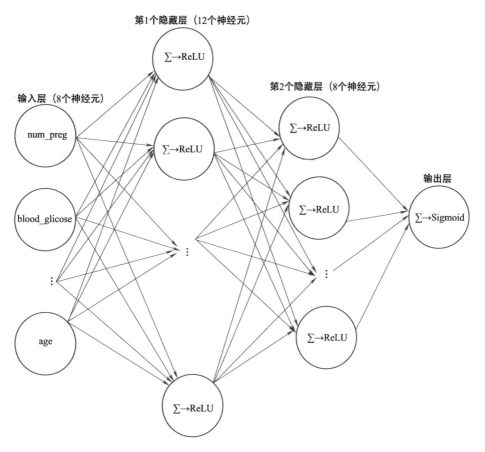

图 5.25　模型结构示意图

该模型共包含 200 个 $(8 \times 12 + 12 \times 8 + 8)$ 权重值。

④编译模型。使用有效的梯度下降算法 Adam 作为优化器,如图 5.26 所示。

编译模型,并使用 Adam 为优化器
```
model. compile(loss = 'binary_crossentropy', optimizer = 'adam', metrics = ['accuracy'])
```

图 5.26　编译模型

⑤训练模型并得出权值,如图 5.27 所示。

参数可通过实验来选择合适的值
```
model. fit( x = x_train, y = y_train, epochs = 150, batch_size = 10)
```

打印出模型每层权值
```
print( model. trainable_weights)
print( model. get_weights( ))
```

图 5.27　训练模型

⑥评估模型,操作如图 5.28 所示。

评估模型
```
scores = model. evaluate( x = x_test, y = y_test)
print( '\n% s : %. 2f% % '% ( model. metrics_names[1], scores[1] * 100))
```

图 5.28　评估模型

结果:准确率(Accuracy)为 73.38% 。

6. 课后习题

(1)题目

已知鸢尾花 iris 分为三个不同的类型:山鸢尾花(Setosa)、变色鸢尾花(Versicolor)、韦尔吉尼娅鸢尾花(Virginica)。这个分类主要是依据鸢尾花花萼的长度、花萼的宽度、花瓣的长度、花瓣的宽度四个指标。其中:

①sepal length 代表的是花萼的长度。

②sepal width 代表的是花萼的宽度。

③petal length 代表的是花瓣的长度。

④petal width 代表的是花瓣的宽度。

⑤species 代表的是花的种类,如表 5.2 所示。

表 5.2　鸢尾花数据集

uid	sepal length	sepal width	petal length	petal width	species
1	5.1	3.5	1.4	0.2	Setosa
2	4.9	3.0	1.4	0.2	Setosa
3	4.7	3.2	1.3	0.2	Setosa
4	4.6	3.1	1.5	0.2	Setosa
...	...	...	...	...	...

以上鸢尾花数据共 150 条,已存在于 sklearn. datasets 中,直接调用 load_iris 即可。

请采用人工神经网络方法,根据已获得的花萼、花瓣的数据,画出人工神经网络模型结构图并算出模型的准确率。

人工神经网络参数提示：

输入层：4 个神经元，与数据特征维度一致。

隐藏层：第一个隐藏层包含 4 个神经元，激活函数采用 ReLU 函数；第一个隐藏层包含 6 个神经元，激活函数采用 ReLU 函数。

输出层：3 个神经元，与类别维度一致，激活函数采用 Softmax 函数。

请根据以上内容写出操作流程，并使实验结果与提供的答案一致。

（2）答案

根据以上人工神经网络参数，准确率可达 90% 以上。

7. 附录

①https：//www. twblogs. net/a/5b7d52d62b71770a43dea6c0/zh - cn（实验介绍部分）。

②https：//blog. csdn. net/ljz2016/article/details/89430661（课后习题参考部分）。

●●●●● 实验 4   决 策 树 ●●●●●●

1. 实验目的

①让学生上机操作编写决策树实验的程序。

②加深对决策树理论的理解。

③增强建立模型与实践操作的能力。

2. 实验介绍

决策树已被应用于各行各业，一般来说其应用往往都是针对某个具体的分析目标以及场景的。例如：金融行业中可以用决策树做贷款的风险评估，保险行业可以用决策树做险种推广预测，医疗行业可以用决策树进行辅助诊断等。

3. 算法介绍

（1）信息熵

先简单介绍信息论中的一些知识。1948 年，香农在他著名的《通信的数学原理》中提出了信息熵（Entropy）。香农认为，一条信息的信息量和它的不确定性有直接关系。一个问题的不确定性越大，那么要搞清楚这个问题，需要了解的信息就越多，其信息熵就越大。信息熵的计算公式如下：

$$H(X) = -\sum_{x \in X} P(x)\log_2 P(x)$$

其中，$P(x)$ 表示事件 x 出现的概率。

（2）条件熵

条件熵 $H(Y|X)$ 表示在已知随机变量 X 的条件下随机变量 Y 的不确定性。

$$H(Y \mid X) = \sum_{i=1}^{n} P(X = x_i)H(Y \mid X = x_i)$$

（3）信息增益

信息增益表示得出特征 X 的信息使得类 Y 的信息的不确定性减少程度。

特征 A 对训练数据集 D 的信息增益 $G(D,A)$，定义为集合 D 的经验熵 $H(D)$ 与特

征 A 给定条件下的经验条件熵 $H(D|A)$ 之差。

$$G(D,A) = H(D) - H(D|A)$$

(4)决策树剪枝

由于决策树算法在学习的过程中为了尽可能正确地分类训练样本,不停地对结点进行划分,因此会导致整棵树的分支过多,造成过拟合。一般通过剪枝来解决上述问题,决策树的剪枝策略最基本的有两种:预剪枝(pre-pruning)和后剪枝(post-pruning)。

预剪枝(pre-pruning):在构造决策树的过程中,先对每个节点在划分前进行估计,如果当前节点的划分不能带来决策树模型泛化性能的提升,则不对当前节点进行划分并且将当前节点标记为叶节点。

后剪枝(post-pruning):先把整棵决策树构造完毕,然后自底向上地对非叶节点进行考察,若将该节点对应的子树换为叶节点能够带来泛化性能的提升,则把该子树替换为叶节点。

4. 实验内容

通过一个计算机销售的案例以加深理解。

可获得计算机销售公司的部分客户样本数据,其中每个客户样本包含 4 个关于个人特性的属性(age、income、student、credit-rating)或称为对象属性、1 个购买计算机的记录(标记属性 buys-computer),每个属性具体信息如下:

①age 代表客户年龄,有 youth、middle_aged、senior 三类。

②income 代表客户收入,有 low、medium、high 三类。

③student 代表客户是否为学生,yes 为是,no 为不是。

④credit-rating 代表客户信用评级,分为 fair 和 excellent 两类。

buys-computer 代表客户是否购买了计算机,yes 为购买了计算机,no 为未购买计算机。

完整数据保存在平台"人工智能导论实验/计算机销售数据/computer-sales. xlsx"中,部分数据样例如表 5.3 所示。

表 5.3　决策树表字段信息

uid	age	income	student	credit-rating	buys-computer
1	youth	high	no	fair	no
2	youth	high	no	excellent	no
3	middle_aged	high	no	fair	yes
4	senior	medium	no	fair	yes
……	……	……	……	……	……

根据给出的客户样本,构建一个决策树模型,判断哪些人购买计算机的意愿更大。

最终公司通过决策树模型的结果,针对购买意愿强烈的客户发送传单以及推销信息,降低公司成本,使得利益达到最大化。

5. 实验流程

(1)实验步骤

①首先调用一些需要的程序:

- 从 sklearn 中导入 tree、preprocessing。
- 从 sklearn. externals. six 中导入 StringIO。
- 从 sklearn. feature. extraction 中导入 DictVectorizer。

②读入程序目录下的数据(决策树. xlsx)。

③借助 1 中调用的 tree,建立决策树模型。

④使用 Graphviz(Graphviz 是贝尔实验室设计的开源图表可视化软件,具体参数介绍将在代码部分给出)生成决策树的图形。

⑤根据输出的决策树模型得出结论。

(2)实验代码

①调用相应的程序代码,操作如图 5.29 所示。

```
#导入需要的包
from graphviz import Source
import pandas as pd
from sklearn import tree
from sklearn. feature_extraction import DictVectorizer
from sklearn import preprocessing
```

图 5.29　调用相应的程序代码

②读入数据。从程序目录下读取已处理好的数据(computer-sales. xlsx),操作如图 5.30所示。

```
#读取决策树. xlsx 数据
data = pd. read_excel ('. / computer – sales. xlsx ')
data = pd. DataFrame ( data)
valuedata = data. values #表里面的数据

header = list( data. columns)[1:6] #表头
#这个列表用于存放处理后得到的字典
featureList = [ ]
#存放表中 Class_buys_computer 属性的数据
labelList = data[ 'buys – computer ']
for value in valuedata:
    featureDict = { }
    for i in range(4):
        featureDict[ header[ i] ] = value[ i + 1]
    featureList. append( featureDict)
```

图 5.30　读取数据

③建立决策树模型。调用 tree. DecisionTreeClassifier( )以建立决策树,criterion 是选择决策树的类型(有 gini 和 entropy 两种算法),此处采用的是 entropy(信息熵),操作如图 5.31 所示。

```
vec = DictVectorizer( )
dummyX = vec. fit_transform(featureList). toarray( )
lb = preprocessing. LabelBinarizer( )
dummyY = lb. fit_transform(labelList)
#调用 tree. DecisionTreeClassifier( )以建立决策树,采用 entropy 算法
clf = tree. DecisionTreeClassifier(criterion = 'entropy ')
```

图 5.31　建立决策树模型

④输出已完成的决策树图形。再调用 fit( )函数对得到的 dummyX 和 dummyY 进行训练,得到最终的决策树图形并将其转为 dot 格式,用 Graphviz 将其可视化,其中的各个参数作用如下:

● feature_names 代表属性名称。

● class_names 代表类别名。

● filled 表示是否由颜色标识不纯度。

● rounded 表示树节点的形状(rounded = True 则节点为圆角矩形,默认为 False,此处采用的是默认)。

操作如图 5.32 所示。输出的可视化决策树图形如图 5.33 所示。

```
#拟合 dummyX 和 dummyY
clf = clf. fit(dummyX,dummyY)
print(clf)
graph = Source(tree. export_graphviz(clf,feature_names = vec. get_feature_names( ),out_
file = None))
display(SVG(graph. pipe(format = 'svg ')))
```

图 5.32　输出已完成的决策树图形

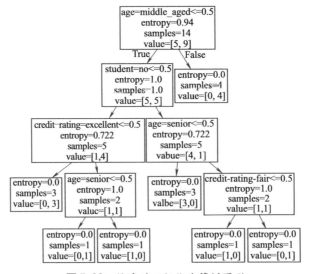

图 5.33　输出的可视化决策树图形

⑤根据输出的决策树模型得出结论。

由图5.33可以得出该公司应该给以下三类人群发送传单以及推销信息：

● youth且不是student的人群。

● middle_aged人群。

● credit-rating为excellent的senior人群。

6.课后习题

(1)题目

已知鸢尾花iris分为三个不同的类型：山鸢尾花(Setosa)、变色鸢尾花(Versicolor)、韦尔吉尼娅鸢尾花(Virginica)。这个分类主要是依据鸢尾花花萼的长度、花萼的宽度、花瓣的长度、花瓣的宽度四个指标。其中：

①sepal length代表的是花萼的长度。

②sepal width代表的是花萼的宽度。

③petal length代表的是花瓣的长度。

④petal width代表的是花瓣的宽度。

species代表的是花的种类，如表5.4所示。

表5.4　鸢尾花数据集

uid	sepal length	sepal width	petal length	petal width	species
1	5.1	3.5	1.4	0.2	Setosa
2	4.9	3.0	1.4	0.2	Setosa
3	4.7	3.2	1.3	0.2	Setosa
4	4.6	3.1	1.5	0.2	Setosa

......

植物学家已经为120朵不同的鸢尾花进行了分类鉴定，尽管不知道具体的分类标准，但是可以对每一朵鸢尾花进行准确的测量，得到花萼和花瓣的数据，并通过测得的数据对鸢尾花的种类进行区分。

请采用决策树的方法，根据已获得的花萼、花瓣的数据，生成树形图并根据树形图来对鸢尾花进行分类(其中鸢尾花数据已在sklearn.datasets中，直接调用load_iris即可)。

请根据以上内容写出操作流程，并使实验结果与提供的答案一致。

(2)答案

答案分析表如表5.5所示。

表5.5　答案分析表

花萼的长度 (sepal length)	花萼的宽度 (sepal width)	花瓣的长度 (petal length)	花瓣的宽度 (petal width)	种类
—	—	—	(0,0.8]	Setosa

续表

花萼的长度 （sepal length）	花萼的宽度 （sepal width）	花瓣的长度 （petal length）	花瓣的宽度 （petal width）	种类
—	—	$(0, 4.95]$	$(0.8, 1.65]$	Versicolor
$(0, 6.6]$	—	$(4.95, +\infty)$	$(1.55, 1.65]$	
—	$(3.1, +\infty)$	$(0, 4.85]$	$(1.65, +\infty)$	
—	—	$(4.95, +\infty)$	$(0.8, 1.55]$	Virginica
$(6.6, +\infty)$	—	$(4.95, +\infty)$	$(1.55, 1.65]$	
—	—	$(4.85, +\infty)$	$(1.65, +\infty)$	
—	$(0, 3.1]$	$(0, 4.85]$	$(1.65, +\infty)$	

鸢尾花分类结果：

①山鸢尾花（setosa）种类：

$0 <$ 花瓣的宽度（petal width）≤ 0.8。

②变色鸢尾花（versicolor）种类：

● $0 <$ 花瓣的长度（petal length）≤ 4.95 且 $0.8 <$ 花瓣的宽度（petal width）≤ 1.65。

● $0 <$ 花萼的长度（sepal length）≤ 6.6 且花瓣的长度（petal length）> 4.95 且 $1.55 <$ 花瓣的宽度（petal width）≤ 1.65。

● 花萼的宽度（sepal width）> 3.1 且 $0 <$ 花瓣的长度（petal length）≤ 4.85 且花瓣的宽度（petal width）> 1.65。

③韦尔吉尼娅鸢尾花（virginica）种类：

● 花瓣的长度（petal length）> 4.95 且 $0.8 <$ 花瓣的宽度（petal width）≤ 1.55。

● 花萼的长度（sepal length）> 6.6 且花瓣的长度（petal length）> 4.95 且 $1.55 <$ 花瓣的宽度（petal width）≤ 1.65。

● 花瓣的长度（petal length）> 4.85 且花瓣的宽度（petal width）> 1.65。

● $0 <$ 花萼的宽度（sepal width）≤ 3.1 且 $0 <$ 花瓣的长度（petal length）≤ 4.85 且花瓣的宽度（petal width）> 1.65。

7. 附录

①https∥blog. csdn. net/weixin_33843947/article/details/90502405（实验介绍部分）。

②https∥blog. csdn. net/qq_39187675/article/details/82714043（实验流程的代码部分）。

③https∥blog. csdn. net/weixin_43584807/article/details/89736759（习题代码部分）。

实验5 关联学习

1. 实验目的

①让学生上机操作关联算法实验的相关程序。

②加深对关联算法的理解。

③增强建立模型与实践操作的能力。

2. 实验介绍

关联规则最初提出的动机是针对购物篮分析（Market Basket Analysis）问题提出的。后用于购物篮分析、分类设计、货存安排、捆绑销售、亏本销售分析等。

具体如：电子商务网站的交叉推荐销售，淘宝购物时，发现大多数买了该商品的人还买了什么其他商品；看视频时，发现大多数看了该视频的人还看了什么其他视频；浏览网页时，大多数浏览了该网页的也浏览了什么关联网站；听音乐时，个性化音乐推荐；超市里货架摆放设计，沃尔玛通过大量的商品购物篮发现了啤酒与尿布是一对关联商品。

3. 算法介绍

关联算法是数据挖掘中的一类重要算法，其核心是基于两阶段频繁集思想的递推算法。该关联规则在分类上属于单维、单层及布尔关联规则，典型的算法是 Apriori 算法（实验中所用算法）。

Apriori 算法将发现关联规则的过程分为两个步骤：第一步通过迭代，检索出事务数据库中的所有频繁项集，即支持度不低于用户设定的阈值的项集；第二步利用频繁项集构造出满足用户最小信任度的规则。其中，挖掘或识别出所有频繁项集是该算法的核心，占整个计算量的大部分。

（1）使用项集找频繁集

先介绍两个概念：K-项集和频繁项集。包含 K 个项的项集称为 K-项集。所有支持度大于等于最小支持度的项集，这些项集称为频繁项集。

算法采用递归方法，以 K-项集中的 K 作为递归，找出频繁"1 项集"的集合，该集合记作 $L1$。$L1$ 用于找频繁"2 项集"的集合 $L2$，而 $L2$ 用于找 $L3$。如此下去，直到不能找到"K 项集"。

（2）使用频繁集产生关联规则

一旦由数据库中的交易找出频繁项集，则产生的关联规则如下：

①对于每个频繁项集 L，产生 L 的所有非空子集。

②对于 L 的每个非空子集 S，如果 $\dfrac{L\text{的交易数}}{S\text{的交易数}} \geq$ 最小置信度，则输出规则 $S \Rightarrow (L - S)$，即 S 与 S 在 L 中的补集相关联。

（3）评估方式

提升度（lift）是信任度与支持度的比值，反映了"物品集 A 的出现"对物品集 B 的出现概率发生了多大的变化，lift 越高，相关程度越高：

$$\text{lift}(A \Rightarrow B) = \frac{\text{confidence}(A \Rightarrow B)}{\text{support}(B)}$$

其中，支持度（support）表示为数据集 D 中包含 X, Y 的交易数与所有交易数之比，可记为 support$(X \Rightarrow Y)$ 或记为 S：

$$S = \frac{|\{T : X \cup Y\}|}{|\{T : D\}|} = P(X \cup Y)$$

$\{T:\}$ 表示为某个数据的数量。最小支持度 min_support:0 ~ 100% 的一个概率值。

信任度(confidence)表示为数据集 D 中包含 X,Y 的交易数与 X 的交易数之比,可记为 confidence$(X\Rightarrow Y)$ 或记为 C:

$$C = \frac{|\{T:X\cup Y\}|}{|\{T:X\}|} = \frac{P(X\cup Y)}{P(X)}$$

最小信任度 min_confidence 为 0 ~ 100% 的一个概率值。

4. 实验内容

现收集有法国超市顾客购买商品的记录(约 7 500 条),每条记录都代表着顾客购买的物品种类,如表 5.6 所示。

表 5.6　超市顾客购物信息

Uid	Product	Product	Product	Product	Product
1	shrimp	almonds	avocado	vegetables	green grapes
2	burgers	meatballs	eggs	soup	shallot
3	red wine	shrimp	pasta	pepper	eggs
4	turkey	frozen eggs	chicken	saimon	milk

······

上述表格展示了部分购物记录,完整数据保存在平台"人工智能导论实验/商品数据/ Market_Basket_Optimisation. csv"文件中。

超市想找出:若顾客选择一种商品,那么选择另外哪种商品搭配的概率更高,超市可以根据销售策略将几种商品放在一起,以提高销售业绩。这里将通过 Apriori 算法给出方案。

5. 实验流程

(1)实验步骤

①首先需要调用一些程序,调用 numpy、matplotlib、pandas 等模块。

②导入 Market_Basket_Optimisation. csv 数据集。

③建立 Apriori 模型进行训练,从 apyori 模块中调用 apriori,并设置初始参数。

④格式化输出结果。

⑤计算结果并将其可视化。

⑥结论。

(2)实验代码

①调用相应的包,操作如图 5.34 所示。

```
#导入需要的包
import numpy as np
import matplotlib. pyplot as plt
import pandas as pd
from apyori import apriori
```

图 5.34　调用程序代码

②导入数据集。将数据集导入并转换为列表形式,操作如图5.35所示。

```
#读取.csv文件,导入数据集
dataset = pd. read_csv('Market_Basket_Optimisation. csv ',header = None)
dataset. head(5)
#将所有记录添加到列表中
transactions = [ ]
for i in range(0,7501):
    transactions. append([str(dataset. values[i,j])for j in range(0,20)])
```

图5.35 导入数据集

③建立 Apriori 模型:

transactions:表示训练数据集。

min_support:表示最小支持度,设置为0.003。

min_confidence:表示最小置信度,设置为0.2。

min_lift:表示最小相关度,设置为3。

max_length:表示序列最大长度,设置为2。

操作如图5.36所示。

```
#在数据集上训练 Apriori
#超参数选择:
# min_support:每天购买3次以上的商品 * 7天(周)/ 7500名顾客 =0.0028
# min_confidence:至少20%,min_lift:最小值3(小于3就太低了)
rules = apriori( transactions,min_support = 0. 003,min_confidence = 0. 2,min_lift =
3,max_length =2)
results = list( rules)
```

图5.36 建立 Apriori 模型

④格式化输出数据,操作如图5.37所示。

```
#将数据格式化,以列表形式保存
results = list( rules)
lift = [ ]
association = [ ]
for i in range (0,len( results)):
    lift. append( results[ :len( results)][i][2][0][3])
    association. append( list( results[ :len( results)][i][0]))
```

图5.37 格式化输出数据

⑤计算结果并可视化,操作如图 5.38 所示。

```
#构建二维表
rank = pd. DataFrame([association,lift]). T
rank. columns = ['Association ','Lift ']
#显示前 10 个较高的提升度分数对应的数据
rank. sort_values('Lift ',ascending = False). head(10)
```

图 5.38　计算结果并可视化

其中,Association 是顾客购买的相关物品,Lift 为提升度,Lift 越高,相关程度越高。

⑥结论。

根据表 5.7 的计算结果可以发现:honey,fromage blanc 和 chicken,light cream 是顾客最常购买的组合,因此将这些商品放在相邻货架上更易提高销量。

表 5.7　物品关联信息

Association	Lift
honey,fromage blanc	5.16427
chicken,light cream	4.84395
pasta,escalope	4.70081
pasta,shrimp	4.50667
Escalope,pasta	4.70081
olive oil,whole wheat pasta	4.12241
ground beef,tomato sauce	3.84066
escalope,mushroom cream sauce	3.79083
ground beef,herb & pepper	3.29199
olive oil,light cream	3.11471

6. 课后习题

(1)题目

从电影网获取了一段时间的顾客观影数据,其中 Movie 代表顾客看过的电影,部分数据如表 5.8 所示。

表 5.8　顾客观影信息

Uid	Movie	Movie	Movie	Movie	Movie
1	Ninja Turtles	Moana	Grinch	Mad Max	Martian
2	X-Men	Allied	Thor	Intern	John Wick
3	Beirut	Café Society	Star Wars	The Hobbit	13 Hours
4	Kingsman	Thor	Intern	Avengers	X-Men

……

完整数据保存在平台"人工智能导论实验/观影数据/ movie_dataset.csv"文件中。请用关联算法对观影数据进行挖掘,寻找出顾客最喜欢的电影组合。

关联算法参数提示：

①min_support 设置为 0.0053。

②min_confidence 设置为 0.2。

③min_lift 设置为 3。

④max_length 设置为 2。

请根据以上内容写出操作流程，并使实验结果与提供的答案一致。

（2）答案（见表 5.9）

表 5.9　顾客选择观看电影的组合

Association	Lift
Green Lantern,Star Wars	4.70081
The Spy Who Dumped ME,Spiderman 3	4.12241
Wonder Woman,Jumanji	3.84066
Green Lantern,Red Sparrow	3.79083
Kung Fu Panda,Jumanji	3.29199

由表 5.9 可以得出，Green Lantern 和 Star Wars 相关程度最高，表明顾客观看过其中一部电影后观看另一部的概率最高。因此，对于观看过其中一部的顾客，可以为其推荐另一部。

7. 附录

①https://blog.csdn.net/lbweiwan/article/details/82725466（算法介绍部分）。

② https://github.com/amyoshino/Recommendation-System-with-Apriori-and-ECLAT（实验代码）。

●●●●● 实验6　聚 类 学 习 ●●●●●

1. 实验目的

①让学生上机操作聚类算法实验的相关程序。

②加深对聚类算法的理解。

③增强建立模型与实践操作的能力。

2. 实验介绍

聚类将相似的对象归到同一个簇中，几乎可以应用于所有对象，聚类的对象越相似，聚类效果越好。聚类与分类的不同之处在于分类预先知道所分的类到底是什么，而聚类则预先不知道目标，但可以通过簇识别（Cluster Identification）来找出这些簇都是什么。

聚类学习算法自问世以来，已应用在各个领域。在图片处理上，可以用作图片内容相似度分析。在互联网中，可以对文本内容做相似度分析，得到网页聚类。在商业上，聚类可以帮助市场分析人员从消费者数据库中区分出不同的消费群体来，并且概括出每一类消费者的消费模式或者说习惯。典型的算法是 KMeans 算法（实验中所用算法）。

3. 算法介绍

聚类算法将给定 M 个训练样本(未标记的) $X_1, X_2, \cdots, X_m$,目标是把比较"接近"的样本放到一个 cluster(簇)里,总共得到 K 个 cluster。在聚类算法中,样本没有给定标记,算法唯一会使用到的信息是样本与样本之间的相似度。

(1)基本概念

①样本集。聚类分析以不带标号的样本集作为其分析目标,它是一个由 m 个样本组成的集合,即 $\{X_1, X_2, \cdots, X_m\}$,而每个样本 X_i 则是一个 n 维向量,即 $X_i = (x_{i1}, x_{i2}, \cdots, x_{in})$。

②样本相似性度量。设 n 维向量空间上有两个点 $X_1 = (x_{11}, x_{12}, \cdots, x_{1n})$ 与 $X_2 = (x_{21}, x_{22}, \cdots, x_{2n})$,可以使用距离公式计算这两个点相似度。常用距离公式有闵氏距离、曼哈顿距离、欧氏距离,实验中使用的是欧氏距离。

X_1 和 X_2 的闵氏距离为:

$$\mathrm{Dist}_0(X_1, X_2) = \left(\sum_1^n (x_{1i} - x_{2i})^p \right)^{\frac{1}{p}}$$

当 $p = 1$ 时为曼哈顿距离:

$$\mathrm{Dist}_1(X_1, X_2) = \sum_1^n |x_{1i} - x_{2i}|$$

当 $p = 2$ 时为欧几里得距离:

$$\mathrm{Dist}_2(X_1, X_2) = \sqrt{\sum_1^n (x_{1i} - x_{2i})^2}$$

(2)算法流程

①随机地选择 k 个对象,每个对象初始地代表了一个簇的中心。

②对剩余的每个对象,根据其与各簇中心的距离,将它赋给最近的簇。

③重新计算每个簇的平均值,更新为新的簇中心。

④不断重复②③,直至新的簇中心与原簇中心相等或小于指定阈值,算法结束。

4. 实验内容

现获得某小学二年级 100 名同学期中考试的数据,其中每个同学包含 2 个关于成绩的属性(语文、数学),如表 5.10 所示。

表 5.10　期中考试成绩

Uid	语文	数学
1	83	81
2	92	90
3	80	88
4	87	93
5	94	91
······		

表 5.10 展示了部分同学成绩,整个数据保存平台"人工智能导论实验/期中考试数据/socre.csv"文件中。班主任想将这 100 位同学的成绩进行聚类,得到优秀、偏文科、偏理科、基础不好四类,以此为依据对同学们准备不同的提高方案。

5. 实验流程

(1)实验步骤

①首先需要调用一些程序,调用 numpy、matplotlib、skleacn.cluster 等模块。

②导入 score.csv 数据集。

③建立 KMeans 模型进行训练,使用①中调用的 sklearn.cluster 的 KMeans 模块,并设置初始参数,对成绩进行聚类。

④对聚类结果进行可视化,使用①中调用的 matplotlib 模块可视化结果。

⑤根据可视化结果得出结论。

(2)实验代码

①调用相应的程序代码,操作如图 5.39 所示。

```
# 导入需要的包
import numpy as np
from sklearn.cluster import KMeans
import pandas as pd
import matplotlib.pyplot as plt
```

图 5.39 调用相应的程序代码

②导入数据集,操作如图 5.40 所示。

```
# 读取.csv 文件,导入数据集
data = pd.read_csv('score.csv')
score_data = data.values.tolist()
x = np.array(score_data)
```

图 5.40 导入数据集

③建立 KMeans 模型。

建立 KMeans 模型,参数设置如下:

● init:对聚类数据的初始化方法,设置为"KMeans++",智能选取。

● max_iter:每次运行 KMeans 算法的最大迭代次数,设置为 300。

● n_clusters:要生成的簇的数量,设置为 4。

● n_init:KMeans 算法选择聚类中心的次数,设置为 10。

● tol:迭代终止的精度要求,设置为 0.0001。

操作如图 5.41 所示。

```
# 建立 KMeans 模型
estimator = KMeans(init = 'k − means + +', max_iter = 300, n_clusters = 4, n_init = 10, tol = 0.0001)
# 聚类
estimator.fit(x)
# 读取每个数据的标签
label_pred = estimator.labels_
```

图 5.41　建立 KMeans 模型

④对聚类结果进行可视化,操作如图 5.42 所示。聚类结果如图 5.43 所示。

```
# x 轴为语文成绩,y 轴为数学成绩
plt.scatter(x[:, 0], x[:, 1], c = label_pred, marker = 'o')
plt.xlabel('语文')
plt.ylabel('数学')
plt.show()
```

图 5.42　对聚类结果进行可视化

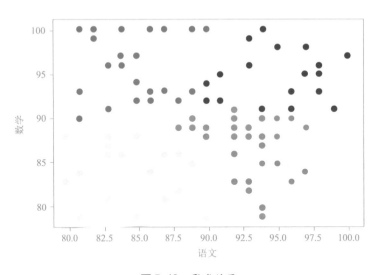

图 5.43　聚类结果

⑤结论。

根据图 5.43 可以发现:

紫色:数学语文都在 90 分以上的为优秀同学。

蓝色:数学高于 90 但语文低于 90 的为偏理科同学。

绿色:语文高于 90 但数学低于 90 的为偏文科同学。

黄色:语文数学都低于90的为基础不好的同学。

6. 课后习题

(1)题目

现有200本书籍电子文档,某位读者为了从中选取同时深入描述机器学习和深度学习的书籍,以"机器学习"和"深度学习"作为聚类对象。部分书籍"机器学习"和"深度学习"字样出现频率如表5.11所示。

表5.11 机器学习和深度学习出现频率

Uid	机器学习	深度学习
1	0.219525	0.286076
2	0.241105	0.217953
3	0.169462	0.258358
4	0.175035	0.356709
5	0.385465	0.153377
……		

每一条记录表示某一本书中"机器学习"和"深度学习"在此书中所出现的频率。表5.11展示了部分书本的频率,整个数据保存在平台"人工智能导论实验/书本数据/book.csv"文件中。请用聚类算法对这200本书进行聚类,得到偏向讲述机器学习书籍、偏向讲述深度学习书籍、机器学习和深度学习综合书籍、无关书籍四类,画出聚类图像。

聚类学习模型参数提示:

①聚类数据的初始化方法设置为"KMeans++",智能选取。

②每次运行KMeans算法的最大迭代次数设置为300。

③要生成的簇的数量设置为4。

④KMeans算法选择聚类中心的次数设置为10。

⑤迭代终止的精度要求设置为0.0001。

请根据以上内容写出操作流程,并使实验结果与提供的答案一致。

(2)答案(见图5.44)

根据图5.44可以发现:

黄色:机器学习和深度学习综合书籍。

绿色:偏向讲述深度学习的书籍。

紫色:偏向讲述机器学习书籍。

蓝色:无关书籍。

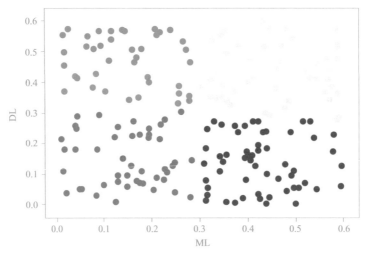

图 5.44　聚类结果

7. 附录

①https://baike.baidu.com/item/聚类算法/1252197？fr = aladdin（实验介绍部分）。

②https://shuwoom.com/？p = 1193（算法介绍部分）。

●●●●● 实验 7　强 化 学 习 ●●●●●

1. 实验目的

①让学生上机操作强化学习实验的相关程序。

②加深对强化学习的理解。

③增强建立模型与实践操作的能力。

2. 实验介绍

强化学习是机器学习的一个重要分支,与监督学习、无监督学习最大的不同就是强化学习需要通过自己不停的尝试来学会某些技能。在强化学习中,包含两种基本的元素:状态与动作,在某个状态下执行某种动作,这便是一种策略,Agent(智能体)要做的就是通过不断地探索学习,从而获得一个好的策略。例如:在围棋中,一种落棋的局面就是一种状态,Agent 则要学习每种局面下的最优落子动作。

随着 AlphaGo 的成功,强化学习已成为当下机器学习中最热门的研究领域之一,逐渐在游戏、机器人控制、计算机视觉、自然语言处理和推荐系统等领域得到应用。Q-Learning 是强化学习中的一个常用算法。

3. 算法介绍

(1)基本概念

折扣因子(Gamma):Gamma 参数的范围是 0 ~ 1,如果 Gamma 接近零,Agent 将倾向于仅考虑立即获得的回报。如果 Gamma 接近于 1,则 Agent 将考虑权重更大的将来奖励,并愿意延迟奖励。

策略概率(Epsilon):epsilon =0.8 代表的意思就是 Agent 有 80% 的概率来选择之前的经验中最优策略,剩下的 20% 的概率来进行新的探索。

状态(Station):机器对环境的感知,所有可能的状态称为状态空间,$S = [0,1,2,3,4,\cdots]$。

动作(Action):机器所采取的动作,所有能采取的动作构成动作空间,$A = [0,1,2,3,4,\cdots]$。

奖励机制:在状态转移的同时,环境反馈给机器一个奖赏。

状态、动作和奖励可以构成一个转移矩阵 R。$R[x,y]$ 表示状态 x 采取动作 y 所得到的奖励值为 $R[x,y]$,如果状态 x 无法采取动作 y,则 $R[x,y] = -1$。

Q 矩阵表示在当前状态、动作的情况下,整体的奖励值,R 矩阵不会发生变化,而 Q 矩阵每次迭代后都会更新。

(2)Q-Learning 算法

①设置 Gamma 参数,并在矩阵 R 中获得环境奖励。

②将矩阵 Q 初始化为零。

③对于每一步:

- 设置当前状态 = 初始状态。
- 从当前状态中,找到具有最高 Q 值的动作。

Q(状态,动作)$= R$(状态,动作)$+$ Gamma $* \max[Q$(下一状态,所有动作)$]$。

- 设置当前状态 = 下一个状态。
- 重复步骤 2 和 3,直到当前状态 = 目标状态。

④输出收敛的 Q 矩阵。

4. 实验内容

假设在一个建筑物中有 5 个房间,这些房间通过门相连,如图 5.45 所示。将每个房间编号为 0 ~ 4,建筑物的外部可以视为一个大房间 5。图中每个房间作为节点,每个门作为链接,每个房间(包括外部房间)称为"状态",从一个房间到另一个房间的移动将称为"动作"。

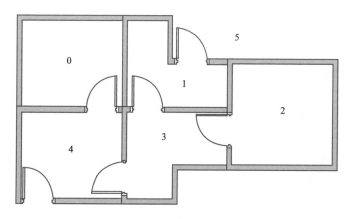

图 5.45　房屋示意图

假设在 2 号房间有一个特工,希望该特工学会以最优路径到达房屋外面 5。请使用 Q-Learning 给出解决方案。

5. 实验流程

(1)实验步骤

①首先需要调用一个程序,调用 numpy 模块。

②写出转移矩阵。

③初始化参数。折扣因子(Gamma)、策略概率(Epsilon)、Q 矩阵。

④q 矩阵迭代;初始化 state 状态;计算 Q(状态,动作);将下一状态作为当前状态进行迭代。

⑤当前状态 = 目标状态,迭代结束,输出 q 矩阵。

⑥结论。

(2)实验代码

①调用相应的程序代码,操作如图 5.46 所示。

```
# 导入需要的包
import numpy as np
```

图 5.46 调用相应的程序代码

②写出转移矩阵,操作如图 5.47 所示。

```
# 写出转移矩阵
r = np.matrix([[ -1, -1, -1, -1,0, -1],
              [ -1, -1, -1,0, -1,100],
              [ -1, -1, -1,0, -1, -1],
              [ -1,0,0, -1,0, -1],
              [0, -1, -1,0, -1,100],
              [ -1,0, -1, -1,0,100]])
```

图 5.47 写出转移矩阵

③初始化参数,操作如图 5.48 所示。

q 表示 Q 矩阵,设置为 6×6 的 0 矩阵。

Gamma 表示折扣因子,设置为 0.8。

Epsilon 表示策略概率,设置为 0.4。

```
# 初始化 Q 矩阵为 0 矩阵
q = np.matrix(np.zeros([6,6]))
# 初始化折扣因子
gamma = 0.8
# 初始化策略概率
epsilon = 0.4
```

图 5.48 初始化参数

④q 矩阵迭代,操作如图 5.49 所示。

state:表示状态,初始位于 2 号房间,设置为 2。

```
for episode in range(101):
    # 初始化状态
    state = 2
    # 如果不是最终状态
    while (state ! = 5):
        # 选择可能的动作
        possible_actions = [ ]
        possible_q = [ ]
        for action in range(6):
            if r[state,action] > = 0:
            possible_actions. append(action)
            possible_q. append(q[state,action])
            action = -1
            if np. random. random( ) < epsilon:
                # 选择随机动作
                action = possible_actions[np. random. randint(0,len(possible_actions))]
            else:
                # 选择概率最大的动作
                action = possible_actions[np. argmax(possible_q)]
        # 更新 Q(状态,动作)
        q[state,action] = r[state,action] + gamma * q[action]. max( )
        # 将下一状态作为当前状态
        state = action
```

图 5.49　将下一状态作为当前状态进行迭代

⑤当前状态 = 目标状态,迭代结束,输出 q 矩阵,操作如图 5.50 所示。最佳路径的 **Q** 矩阵如图 5.51 所示。

```
# 输出每次更新的 q 矩阵
if episode % 10 = = 0:
print("Training episode: % d" % episode)
        print(q)
        print(" - - - - - - - - - - - - - - - - - - - - - -
- - - - - - - - - - - - - - - - - - - ")
```

图 5.50　输出 q 矩阵

图 5.51　最佳路径的 Q 矩阵

⑥结论。从房间 2 出发的最优路径为 2→3→4→5 或者 2→3→1→5。

6. 课后习题

（1）题目

现在需要制造一些自动机器人，将位于吉他制造仓库内的八个不同房间（L1 ~ L8）的吉他零件从 Lout 传送出，用来帮助吉他演奏家，如图 5.52 所示。

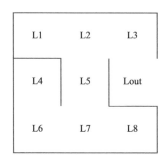

图 5.52　吉他制造仓库示意图

L4 房间中的机器人已取完相应零件，要从 Lout 出来。请用 Q－Learning 算法并结合给出的参数提示，完成最优路径的解决方案。

强化学习参数提示：

①初始 Q 矩阵 q 设置为 9×9 的 0 矩阵。

②折扣因子 Gamma 设置为 0.8。

③策略概率 Epsilon 设置为 0.4。

④初始状态 state 设置为 3。

⑤最终状态 state 设置为 5。

请根据以上内容写出操作流程，并使实验结果与提供的答案一致。

（2）答案（见图 5.53）

	L1	L2	L3	L4	L5	Lout	L6	L7	L8
L1	0	64	0	0	0	0	0	0	0
L2	51.2	0	80	0	51.2	0	0	0	0
L3	0	64	0	0	0	100	0	0	0
L4	0	0	0	0	0	0	32.768	0	0
L5	0	64	0	0	0	0	0	40.96	0
Lout	0	0	0	0	0	0	0	0	0
L6	0	0	0	26.2144	0	0	0	40.96	0
L7	0	0	0	0	51.2	0	32.768	0	32.768
L8	0	0	0	0	0	0	0	40.96	0

图 5.53　最佳路径的 Q 矩阵

最优路径：L4→L6→L7→L5→L2→L3。

7. 附录

①https：//blog.csdn.net/zjm750617105/article/details/80295267（实验介绍部分）。

②http：//mnemstudio.org/path-finding-q-learning-tutorial.htm（实验代码参考）。

●●●●● 实验8 深度学习 ●●●●●

1. 实验目的

①让学生上机操作深度学习实验的相关程序。

②加深对深度学习的理解。

③增强建立模型与实践操作的能力。

2. 实验介绍

深度学习是学习样本数据的内在规律和表示层次，这些学习过程中获得的信息对诸如文字、图像和声音等数据的解释有很大的帮助。它的最终目标是让机器能够像人一样具有分析学习能力，能够识别文字、图像和声音等数据。深度学习是一个复杂的机器学习算法，在语音和图像识别方面取得的效果，远远超过先前相关技术。

卷积神经网络（Convolutional Neural Networks，CNN）是一类包含卷积计算且具有深度结构的前馈神经网络，是深度学习的代表算法之一（实验中所用算法）。CNN 长期以来是图像识别领域的核心算法之一，并在学习数据充足时有稳定的表现。特征提取可以人为地将图像的不同部分分别输入 CNN，也可以由 CNN 通过非监督学习自行提取。CNN 在图像语义分割、场景分类和图像显著度检测等问题中也有应用，其表现被证实超过了很多使用特征工程的分类系统。

3. 算法介绍

（1）基本概念

CNN 由输入层、输出层以及多个隐藏层组成，隐藏层可分为卷积层、池化层、激活层和全连接层，如图 5.54 所示。

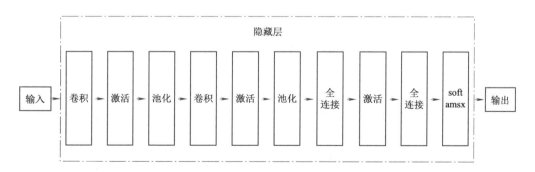

图 5.54 卷积神经网络示意图

①卷积层。在图像识别里提到的卷积（Convolution）是二维卷积，即离散二维滤波

器(又称为卷积核)与二维图像做卷积操作,简单地讲是二维滤波器滑动到二维图像上所有位置,并在每个位置上与该像素点及其领域像素点做内积,卷积层是 CNN 的核心。

步幅是卷积核每次卷积操作移动的距离,决定卷积核移动多少次到达图像边缘。如果卷积步幅大于 1,则滤波器有可能无法恰好滑到边缘,针对这种情况,可在矩阵最外层填充补零,如图 5.55 所示。

1	1	1	0	0
0	1	1	1	0
0	0	1	1	1
0	0	1	1	0
0	1	1	0	0

0	0	0	0	0	0	0
0	1	1	1	0	0	0
0	0	1	1	1	0	0
0	0	0	1	1	1	0
0	0	0	1	1	0	0
0	0	1	1	0	0	0
0	0	0	0	0	0	0

图 5.55　矩阵填充示意图

设输入矩阵大小为 $w \times w$,滤波器大小为 $k \times k$,步幅为 s,填充值为 p,则输出矩阵尺寸 $w' \times w'$ 计算公式为:

$$w' = \frac{w + 2p - k}{s} + 1$$

例如:$\begin{bmatrix} o_{11} & o_{12} \\ o_{21} & o_{22} \end{bmatrix} = \text{Convolution}\left(\begin{bmatrix} X_{11} & X_{12} & X_{13} \\ X_{21} & X_{22} & X_{23} \\ X_{31} & X_{32} & X_{33} \end{bmatrix}, \begin{bmatrix} F_{11} & F_{12} \\ F_{21} & F_{22} \end{bmatrix} \right)$,输入矩阵为 3×3,

滤波器为 2×2,步幅为 1,填充为 0,以 o_{11} 为例,卷积运算如图 5.56 所示。

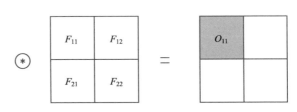

图 5.56　卷积运算示意图

则:

$$o_{11} = \begin{bmatrix} X_{11} & X_{12} \\ X_{21} & X_{22} \end{bmatrix} \circledast \begin{bmatrix} F_{11} & F_{12} \\ F_{21} & F_{22} \end{bmatrix} = F_{11}X_{11} + F_{12}X_{12} + F_{21}X_{21} + F_{22}X_{22}$$

$$o_{12} = \begin{bmatrix} X_{12} & X_{13} \\ X_{22} & X_{23} \end{bmatrix} \circledast \begin{bmatrix} F_{11} & F_{12} \\ F_{21} & F_{22} \end{bmatrix} = F_{11}X_{12} + F_{12}X_{13} + F_{21}X_{22} + F_{22}X_{23}$$

$$o_{21} = \begin{bmatrix} X_{21} & X_{22} \\ X_{31} & X_{32} \end{bmatrix} \circledast \begin{bmatrix} F_{11} & F_{12} \\ F_{21} & F_{22} \end{bmatrix} = F_{11}X_{21} + F_{12}X_{22} + F_{21}X_{31} + F_{22}X_{32}$$

$$o_{12} = \begin{bmatrix} X_{22} & X_{23} \\ X_{32} & X_{33} \end{bmatrix} \circledast \begin{bmatrix} F_{11} & F_{12} \\ F_{21} & F_{22} \end{bmatrix} = F_{11}X_{22} + F_{12}X_{23} + F_{21}X_{32} + F_{22}X_{33}$$

输出矩阵尺寸：$w' = \dfrac{3 + 2 \times 0 - 2}{1} + 1 = 2$

常见的卷积核产生方式是使用概率分布函数随机初始化卷积核。深度学习中通常将卷积核中的参数值通过以下三种分布函数随机初始化为一个接近 0 的随机数：

- 截断正态分布(tf. truncated_normal(shape, mean, stddev))
- 标准正态分布(tf. trandom_normal(shape, mean, stddev))
- 均匀分布(tf. random_uniform(shape, minval, maxval))

然后通过迭代训练，最后训练出最合适的卷积核。

例如，调用截断正态分布语句：tf. truncated_normal([3,3,1,2], stddev = 0.1)，其中[3,3,1,2]中参数(3，3)代表卷积核的尺寸，参数 1 代表输入通道数为 1，参数 2 代表输出通道数为 2，stddev = 0.1 代表标准差为 0.1，均值 mean 默认为 0。经过该函数计算后可以生成 2 个尺寸为 3 * 3 的卷积核，共 18 个卷积核值，具体值如下所示：

```
[[[[ 0.05078835 -0.01794786]]
  [[-0.08180574 0.10721864]]
  [[-0.11477321 -0.1089787 ]]]


 [[[ 0.03028447 0.09617301]]
  [[-0.03947565 -0.08803827]]
  [[-0.0237945 0.14699106]]]


 [[[0.02492643 0.11561694]]
  [[-0.02292259 0.08537523]]
  [[ 0.03582275 0.13747232]]]]
```

②池化层。又称下采样，它的作用是减小数据处理量同时保留有用信息。因为卷积已经提取出特征，相邻区域的特征是类似，近乎不变，池化只是选出最能表征特征的像素，缩减了数据量，同时保留了特征。

和卷积一样，池化也有一个滑动的核，可以称之为滑动窗口，图 5.57 所示滑动窗口的大小为 2×2，步幅为 2，每滑动到一个区域，则取最大值作为输出，这样的操作称为 Max Pooling。还可以采用输出均值的方式，称为 Mean Pooling。

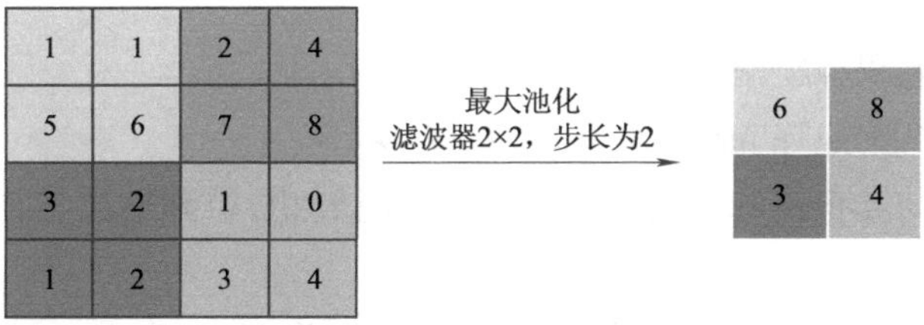

图 5.57　最大池化示意图

③激活层。激活函数将非线性特征引入神经网络中,如果不用激活函数,每一层输出都是上层输入的线性函数,无论神经网络有多少层,输出都是输入的线性组合,这种情况就是最原始的感知机。常用的激活函数有 Sigmoid 函数、ReLU 函数、tahn 函数等。

以 Sigmoid 函数为例,Sigmoid 函数是常用的非线性的激活函数,它的数学形式如下:

$$h(x) = \frac{1}{1 + e^{-x}}$$

它的几何图形如图 5.58 所示。

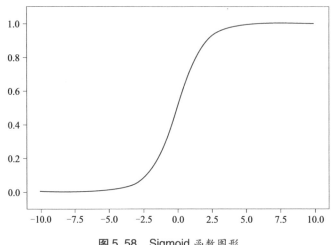

图 5.58　Sigmoid 函数图形

由图 5.58 可知,Sigmoid 函数是一条平滑的曲线,它能够把输入的连续实值变换为 0 和 1 之间的输出。

线性整流函数 ReLU 函数也是神经网络中一种常用的激活函数,它的数学形式如下:

$$f(x) = \max(0, x)$$

④全连接层。全连接层就是一个常规的神经网络,它的作用是对经过多次卷积层和多次池化层所得出来的高级特征进行全连接,算出最后的预测值。假设最后一层卷积层的输出特征大小为 $7 \times 7 \times 512$,全连接层含有 10 个神经元,则可用卷积核为 $7 \times 7 \times 512 \times 10$ 的全局卷积来实现这一全连接运算过程。

(2)算法流程

以单层二维卷积神经网络为例:

①输入一个二维矩阵 input,大小为 $14 \times 14 \times 1$。

②输入矩阵与卷积核($k = 5, s = 1, p = 0$)进行卷积,得到输出特征 output1,大小为 $10 \times 10 \times 1$。

③output1 通过激活函数得到输出 output2,大小为 $10 \times 10 \times 1$。

④对 output2 进行最大池化得到输出 output3,大小为 $5 \times 5 \times 1$。

⑤假设全连接层含有 10 个神经元,则用卷积核为 $5 \times 5 \times 1 \times 10$ 的全局卷积来对 output3 进行全连接,输出大小为 10×1。

4. 实验内容

Fashion-MNIST 是一个图像数据集,由 Zalando(一家德国的时尚科技公司)旗下的研究部门提供。其涵盖了来自 10 种类别的共 7 万个不同商品的正面图片。Fashion-MNIST 包含了 60 000 张训练图片和 10 000 张测试图片,这些图片是 28×28 的灰度图片,共计 10 个种类商品。其中这 10 类商品如表 5.12 所示。

表 5.12　商品分类

序号	英文名称	中文名称	示例图片
1	Ankle boot	靴子	
2	T-shirt	T 恤衫	
3	Dress	裙子	
4	Bag	包	
5	Sneaker	运动鞋	
6	Shirt	汗衫	
7	Sandal	凉鞋	
8	Coat	外套	
9	Pullover	套头衫	
10	Trouser	裤子	

现在需要设计一个卷积神经网络,来对这些商品进行分类。

5. 实验流程

(1)实验步骤

①首先需要调用一些程序,调用 tensorflow 模块。

②从 tensorflow 中导入 Fashion-MNIST 图像数据集。

③定义卷积核、偏置、卷积、池化函数,使用①中调用的 tensorflow 模块,并设置参数。

④构建两层卷积网络,使用①中调用的 tensorflow 模块,并设置参数。

⑤评估方法。

⑥训练模型。

⑦评估模型。

(2)实验代码

①首先需要调用一些程序,操作如图 5.59 所示。

```
#导入需要的包
import tensorflow as tf
import tensorflow. examples. tutorials. mnist. input_data as input_data
```

图 5.59　调用程序

②从 tensorflow 中导入 Fashion-MNIST 图像数据集,操作如图 5.60 所示。

```
#导入 Fashion – MNIST 图像数据集
fashion_mnist = input_data. read_data_sets( "fashion_mnist_data" , one_hot = True)


# 创建一个交互式的 Session
sess = tf. InteractiveSession( )


# 创建两个占位符,数据类型是 float。x 占位符的形状是[None,784],即用来存放
图像数据的变量,因为 Fashion-MNIST 处理的图片都是 28 * 28 的大小,y_占位符
的形状类似 x,只是维度只有 10,因为输出结果是 0 ~ 9 的数字,所以只有 10 种
结构
x = tf. placeholder( "float" ,shape = [ None ,784] )
y_ = tf. placeholder( "float" ,shape = [ None ,10] )
```

图 5.60　导入 Fashion-MNIST 图像数据集

③定义卷积核、偏置、卷积、池化函数,并设置参数,操作如图 5.61 所示。

weight_variable 卷积核函数:变量的初始值来自于截断正态分布中的数据,设置为 tf. truncated_normal(shape,stddev),shape 由输入矩阵 shape 决定,标准差 stddev 设置为 0.1。

bias_variable 偏置函数:变量初始值来自常量函数中的数据,设置为 tf. constant (value,shape),初始值 value 设置为 0.1,shape 输入由矩阵 shape 决定。

conv2d 卷积函数:由 tf. nn. conv2d(x ,W ,strides,padding)定义,x 是输入,W 是卷积核,也可以理解成权重,strides 表示步长,设置为[1,1,1,1],步长为 1,padding 表示补零,设置为 SAME,补零。

max_pool_2x2 池化函数:由 tf. nn. max_pool $(x, W, \text{strides}, \text{padding})$ 定义,x 是输入,ksizes 表示卷积核大小,设置为 $[1,2,2,1]$,大小为 2×2,strides 设置为 $[1,2,2,1]$,步长为 2,padding 设置为 SAME,补零。

```
#通过函数的形式定义卷积核
def weight_variable(shape):
    initial = tf. truncated_normal(shape, stddev = 0.1)
    return tf. Variable(initial)
# 通过函数的形式定义偏置变量
def bias_variable(shape):
    initial = tf. constant(0.1, shape = shape)
    return tf. Variable(initial)
# 定义卷积函数
def conv2d(x, w):
    return tf. nn. conv2d(x, w, strides = [1,1,1,1], padding = 'SAME')
#定义池化函数
def max_pool_2x2(x):
    return tf. nn. max_pool(x, ksize = [1,2,2,1], strides = [1,2,2,1], padding =
    'SAME')
```

图 5.61　定义卷积核、偏置、卷积、池化函数,并设置参数

④构建两层卷积网络,模型结构如图 5.62 所示。

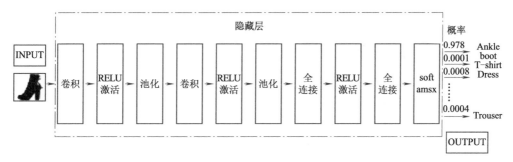

图 5.62　模型结构

- W_conv1:表示卷积核高和宽都是 5,输入通道 1,输出通道 32。
- b_conv1:偏置是维度为 32 的常量,与输出通道数对应。
- x_image:将输入 tensor 进行形状调整,调整为一个 28×28 的图片。
- W_conv2:卷积核大小 5×5,输入通道有 32 个,输出通道有 64 个。
- b_conv2:偏置是维度为 64 的常量,与输出通道数对应。
- W_fc1:池化后图片尺寸减小到 $7 \times 7 \times 64$,加入一个有 1 024 个神经元的全连接层。
- b_fc1:偏置是维度为 1 024 的常量。
- h_pool2_flat:将第二层池化后的数据进行变形,池化后数据尺寸为 $7 \times 7 \times 64$。
- W_fc2:第二层全连接卷积核为 $1 024 \times 10$。

● b_fc2:第二层全连接偏置为 10 的常量。

操作如图 5.63 所示。

```
# 定义第一层卷积核
W_conv1 = weight_variable([5,5,1,32])
# 偏置量定义
b_conv1 = bias_variable([32])
# 将输入 tensor 进行形状调整,调整成为一个 28 * 28 的图片
x_image = tf. reshape(x,[-1,28,28,1])
#对卷积结果进行 relu 激活操作
h_conv1 = tf. nn. relu(conv2d(x_image,W_conv1)+b_conv1)
#对激活函数返回结果进行最大池化操作
h_pool1 = max_pool_2x2(h_conv1)


# 第二层卷积
W_conv2 = weight_variable([5,5,32,64])
b_conv2 = bias_variable([64])
# 第二层卷积:激活和池化
h_conv2 = tf. nn. relu(conv2d(h_pool1,W_conv2)+b_conv2)
h_pool2 = max_pool_2x2(h_conv2)


# 全连接层
W_fc1 = weight_variable([7 * 7 * 64,1024])
b_fc1 = bias_variable([1024])
# 将第二层池化后的数据进行变形
h_pool2_flat = tf. reshape(h_pool2,[-1,7 * 7 * 64])
# 进行矩阵乘,加偏置后进行 relu 激活
h_fc1 = tf. nn. relu(tf. matmul(h_pool2_flat,W_fc1) + b_fc1)
# 基于 keep_prob 进行保留或者丢弃相关维度上的数据,快速收敛,防止过拟合
keep_prob = tf. placeholder("float")
h_fc1_drop = tf. nn. dropout(h_fc1,keep_prob)
W_fc2 = weight_variable([1024,10])
b_fc2 = bias_variable([10])
# softmax 层,用作结果分类
y_conv = tf. nn. softmax(tf. matmul(h_fc1_drop,W_fc2) + b_fc2)
```

图 5.63　构建两层卷积网络(续)

⑤评估方法,操作如图 5.64 所示。

实际值 y_ 与预测值 y_conv 的自然对数求乘积,在对应的维度上求和,该值作为梯度下降法的输入

```
cross_entropy = - tf. reduce_sum( y_ * tf. log( y_conv) )
```

#基于步长 1e-4 来求梯度,梯度下降方法为 AdamOptimizer

```
train_step = tf. train. AdamOptimizer( 1e-4) . minimize( cross_entropy)
```

首先分别在训练值 y_conv 以及实际标签值 y_ 的第一个轴向取最大值,比较是否相等

```
correct_prediction = tf. equal( tf. argmax( y_conv,1) , tf. argmax( y_,1) )
```

对 correct_prediction 值进行浮点化转换,然后求均值,得到精度

```
accuracy = tf. reduce_mean( tf. cast( correct_prediction," float") )
```

图 5.64 评估方法

⑥训练模型,操作如图 5.65 所示。训练输出结果如图 5.66 所示。

#先通过 tf 执行全局变量的初始化,然后启用 session 运行

```
sess. run( tf. global_variables_initializer( ) )
print( " start")
for i in range( 201) :
```

#从 fashion_mnist 的 train 数据集中取出 50 批数据

```
batch = fashion_mnist. train. next_batch( 50)
if i % 50 ==0:
```

#计算精度,通过所取的 batch 中的图像数据以及标签值还有 dropout 参数,带入到 accuracy 定义时所涉及的相关变量中,进行 session 的运算,得到一个输出,也就是通过已知的训练图片数据和标签值进行似然估计,然后基于梯度下降,进行权值训练

```
train_accuracy = accuracy. eval( feed_dict = { x:batch[0],y_: batch[1],keep_prob:
1.0} )
print( " step % d,training accuracy % g"% ( i,train_accuracy) )
```

#训练 W 和 bias。基于似然估计函数进行梯度下降,收敛后,W 和 bias 就都训练好了

```
train_step. run( feed_dict = { x: batch[0],y_: batch[1],keep_prob: 0.5} )
```

图 5.65 训练模型

```
start
step 0, training accuracy 0.12
step 50, training accuracy 0.76
step 100, training accuracy 0.84
step 150, training accuracy 0.82
step 200, training accuracy 0.94
cf accuracy 0.8993
```

图 5.66 训练输出结果

⑦评估模型,操作如图 5.67 所示,测试输出结果如图 5.68 所示。

\# 对测试图片和测试标签值以及给定的 keep_prob 进行 feed 操作,进行计算求出识别率。

print(" cf accuracy % g"% accuracy. eval(feed_dict = {x: fashion_mnist. test. images, y_: fashion_mnist. test. labels,keep_prob:1.0}))

图5.67 评估模型

```
start
step 0, training accuracy 0.12
step 50, training accuracy 0.76
step 100, training accuracy 0.84
step 150, training accuracy 0.82
step 200, training accuracy 0.94
cf accuracy 0.8993
```

图5.68 测试输出结果

可知:训练集准确度为0.94,测试集准确度为0.8993。

6. 课后习题

(1)题目

MNIST 数据集是一个手写数字图片的数据集,其包含了 60 000 张训练图片和 10 000 张测试图片,这些图片是 28×28 的灰度图片,共包含 0~9 总计 10 个数字,如图5.69所示。

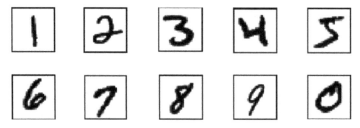

图5.69 MNIST 数据集部分图片

请参考以下给出的模型及参数,完成卷积神经网络的搭建,来对这些图片进行分类,使模型在测试集上的准确率大于90%。卷积神经网络模型如图5.70所示。

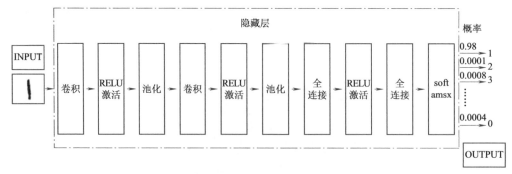

图5.70 卷积神经网络模型图

深度学习参数为:输入图片尺寸是 28×28,感受野尺寸为 18×18。此外,四层的参数为:

① 第一层卷积核尺寸为 5 * 5, 步长为 1, 初始值来自于均值为 0、标准差为 0.1 的截断正态分布中的数据, 输入通道为 1, 输出通道数为 32, 调用函数为: tf. truncated_normal([5,5,1,32], stddev = 0.1); 偏置初始值为 0.1; 激活函数选择 ReLU 函数; 池化层为最大池化, 使用的滤波器尺寸为 2 * 2, 步长为 2;

② 第二层卷积核尺寸为 5 * 5, 步长为 1, 初始值来自于均值为 0、标准差为 0.1 的截断正态分布中的数据, 输入通道为 32, 输出通道数为 64, 调用函数为: tf. truncated_normal([5,5,32,64], stddev = 0.1); 偏置初始值为 0.1; 激活函数选择 ReLU 函数; 池化层为最大池化, 使用的滤波器尺寸为 2 * 2, 步长为 2;

③ 第一层全连接层输入图片尺寸为 7 * 7, 共有 64 张输入图片, 神经元共有 1024 个, 偏置初始值为 0.1; 激活函数选择 ReLU 函数;

④ 第二层全连接层输入向量长为 1024, 神经元共有 10 个, 偏置初始值为 0.1; 分类函数选择 softmax 函数。

请根据以上内容写出操作流程, 并使实验结果与提供的答案一致。

(2) 答案(见图 5.71)

```
step 0, training accuracy 0.06
step 50, training accuracy 0.78
step 100, training accuracy 0.88
step 150, training accuracy 0.84
step 200, training accuracy 0.84
cf accuracy 0.9093
```

图 5.71　训练、测试输出结果

由图 5.71 可知 MNIST 数据集在 CNN 上的训练集准确度为 0.84, 测试集准确度为 0.9093。

7. 附录

https://github.com/GreedyStar/Algorithm/blob/master/CNN(实验参考)。

●●●●● **实验 9　知 识 图 谱** ●●●●●

1. 实验目的

①让学生上机操作知识图谱实验的相关程序。

②加深对知识图谱的理解。

③增强建立模型与实践操作的能力。

2. 实验介绍

知识图谱本质上是语义网络, 是一种基于图的数据结构, 由节点(Point)和边(Edge)组成。在知识图谱里, 每个节点表示现实世界中存在的"实体", 每条边为实体与实体之间的"关系"。知识图谱是关系的最有效的表示方式。通俗地讲, 知识图谱就是把所有不同种类的信息连接在一起而得到的一个关系网络。知识图谱提供了从"关系"的角度去分析问题的能力。

3. 算法介绍

（1）三元组

知识图谱通过三元组来组织数据，在知识图谱中，节点—边—节点可以看作一条记录，第一个节点看作主语，边是谓语，第二个节点看作宾语。例如，曹操的儿子是曹丕，这里主语是曹操，谓语是儿子，宾语是曹丕。再如，曹操的小名是阿瞒，主语是"小名"，谓语是"是"，宾语是"阿瞒"。

知识图谱就是由这样的多条三元组组成，围绕多个主语，可以有很多的关系呈现，随着知识的不断积累，最终会形成一个庞大的知识图谱，知识图谱建设完成后，会包含海量的数据，内涵丰富的知识。

（2）NetworkX 网络

NetworkX 主要用于创造、操作复杂网络，以及学习复杂网络的结构、动力学及其功能。支持创建简单无向图、有向图和多重图；内置许多标准的图论算法，节点可为任意数据；支持任意的边值维度。利用 NetworkX 可以以标准化和非标准化的数据格式存储网络、生成多种随机网络和经典网络、分析网络结构、建立网络模型、设计新的网络算法、进行网络绘制等。图 5.72 所示是典型有向图与无向图示意图。

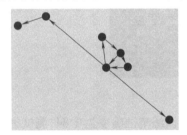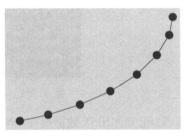

图 5.72　NetworkX 有向图与无向图示意图

4. 实验内容

现有西游记三元组关系列表，每一行表示一条三元组记录，如图 5.73 所示。

主语	谓语	宾语
孙悟空	师傅	菩提老祖
孙悟空	武器	金箍棒
孙悟空	大闹	凌霄殿
如来佛祖	收服	孙悟空
唐僧	大徒弟	孙悟空
唐僧	前世	金蝉子
唐僧	二徒弟	猪悟能
唐太宗	御弟	唐僧
金蝉子	师从	如来佛祖
天蓬元帅	主管	天河
猪悟能	前世	天蓬元帅
唐僧	三徒弟	沙悟净
沙悟净	前世	卷帘大将
卷帘大将	任职	凌霄殿
白龙马	三太子	西海龙王
白龙马	师从	唐僧
西海龙王	兄弟	东海龙王
东海龙王	定海神针	金箍棒

图 5.73　西游记三元组示意图

整个文档保存在平台"人工智能导论实验/西游记数据/西游记三元组. csv"文件中,请用知识图谱给出实体之间的关系。

5. 实验流程

(1)实验步骤

①首先需要调用一些程序,调用 matplotlib、networks、pandas 模块。

②读取西游记三元组. csv 数据。

③提取数据中的三元组关系。

④生成关系图,使用①中调用的 networkx 模块。

⑤结论。

(2)实验代码

①首先需要调用一些程序,操作如图 5.74 所示。

```
#导入需要的包
import matplotlib. pyplot as plt
import networkx as nx
import pandas as pd
```

图 5.74 调用程序

②读西游记三元组. csv 数据,操作如图 5.75 所示。

```
#读取目录下的 csv 数据
data = pd. read_csv('西游记三元组. csv ',encoding = "gbk")
SVOs = data. values. tolist()
fig = plt. figure(figsize = (12,8),dpi = 100)
```

图 5.75 读取数据

③提取数据中的三元组关系,操作如图 5.76 所示。

```
g_nx = nx. DiGraph()
#提取三元组关系
labels = {}
#主谓宾
for subj, pred, obj in SVOs:
    g_nx. add_edge(subj,obj)
    labels[(subj,obj)] = pred
```

图 5.76 提取三元组关系

④生成关系图,操作如图5.77所示。知识图谱如图5.78所示。

```
#生成关系图
pos = nx. spring_layout( g_nx)
nx. draw_networkx_nodes( g_nx, pos, node_size =300)
nx. draw_networkx_edges( g_nx,pos,width =4)
nx. draw_networkx_labels( g_nx,pos,font_size =10,font_family = 'sans – serif ')
nx. draw_networkx_edge_labels( g_nx, pos, labels , font_size =10, font_family = 'sans – serif ')
plt. axis( "off")
plt. show( )
```

图5.77　生成关系图

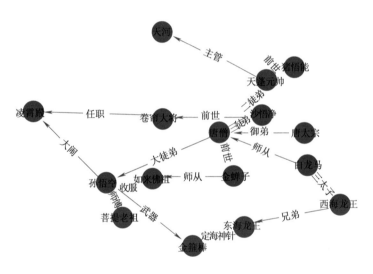

图5.78　西游记知识图谱

⑤结论:由图可知,在西游记中关键人物是孙悟空、唐僧。

6. 课后习题

(1)题目

现有金庸先生的《神雕侠侣》中部分人物三元组表格,如图5.79所示。整个文档保存在平台"人工智能导论实验/神雕侠侣人物数据/神雕侠侣. csv"文件中。请依据三元组关系,读取人物1、关系、人物2。使用 NetworkX 将人物设置为节点,关系设置为边,画出人物之间的知识图谱,找出此书是围绕哪位人物描写的一本书。请根据以上内容写出操作流程,并使实验结果与提供的答案一致。

人物1	关系	人物2
杨过	妻子	小龙女
杨过	母亲	穆念慈
杨过	父亲	杨康
杨过	伯母	黄蓉
杨过	兄弟	雕
杨过	伯父	郭靖
小龙女	祖师	林朝英
小龙女	师姐	李莫愁
杨康	义兄	郭靖
杨康	妻子	穆念慈
郭靖	妻子	黄蓉
杨过	义父	欧阳锋
杨过	忘年交	周伯通
郭靖	小女儿	郭襄
郭靖	大女儿	郭芙

图5.79 《神雕侠侣》中三元组关系

（2）答案（见图5.80）

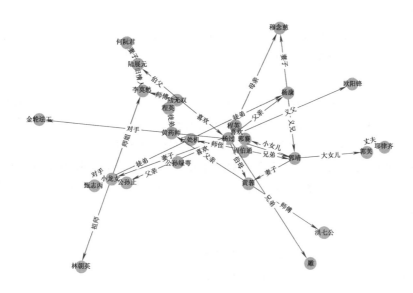

图5.80 神雕侠侣知识图谱

由图5.80可知，《神雕侠侣》是一本围绕杨过展开描写的小说。

7.附录

①https：//www.cnblogs.com/brightyuxl/p/9994634.html（NetworkX网络）。

②https：//www.jianshu.com/p/bbcb4f9aee00（三元组）。

③https：//github.com/blmoistawinde/hello_world/tree/master/Python近代史纲要（实验代码）。

④https：//blog.csdn.net/blmoistawinde/article/details/86556844（实验介绍）。

实验10 计算机视觉

1. 实验目的

①让学生上机操作计算机视觉实验的相关程序。

②加深对计算机视觉的理解。

③增强建立模型与实践操作的能力。

2. 实验介绍

计算机视觉(Computer Vision)是指用计算机实现人的视觉功能——对客观世界的三维场景的感知、识别和理解。

这意味着计算机视觉技术的研究目标是使计算机具有通过二维图像认知三维环境信息的能力。因此不仅需要使机器能感知三维环境中物体的几何信息(如形状、位置、姿态、运动等),而且能对它们进行描述、存储、识别与理解。可以认为,计算机视觉与研究人类或动物的视觉是不同的:它借助于几何、物理和学习技术来构筑模型,用统计的方法来处理数据。

人工智能的完整闭环包括感知、认知、推理再反馈到感知的过程,其中视觉在人们的感知系统中占据大部分的感知过程,所以研究视觉是研究计算机感知的重要一步。

3. 算法介绍

OpenCV(Open Source Computer Vision Library)是一个开源的计算机视觉库,它提供了很多函数,这些函数非常高效地实现了计算机视觉算法。Opencv自带多个训练好的检测人各个部位的模型,存储在/usr/local/SkyCompute/share/OpenCV/haarcascades/文件夹中,称为Haar级联分类器,如识别人脸的分类器haarcascade_frontalface_default.xml,识别人身体的分类器 haarcascade_fullbody. xml,识别人睁开的双眼的分类器haarcascade_eye. xml 等。

4. 实验内容

现有一张图片,请使用OpenCV自动识别出图片中不同角度的人脸(见图5.81),并用红框进行标注。图片保存在平台"人工智能导论实验/人脸图片数据/face.jpg"中。

图5.81 四张不同人脸图

5. 实验流程

(1)实验步骤

①首先需要调用一些程序,调用 cv2、matplotlib 模块。

②读入并显示图片(face. jpg)。

③识别面部。

④显示并保存图片。

(2)实验代码

①首先需要调用一些程序,操作如图 5.82 所示。

```
#导入需要的包
import matplotlib. pyplot as plt
import cv2
```

图5.82 调用程序

②读入并显示图片,操作如图 5.83 所示。

```
#读入图片
filename = 'face. jpg '
image = cv2. imread( filename )
img2 = image[ :,:,:: -1 ]
#显示原图
plt. rcParams[ 'figure. figsize ' ] = (12. 0,10. 0)
plt. imshow( img2 )
plt. show( )
```

图5.83 读入并显示图片

③识别面部:

● path:表示模型分类器路径,设置为/usr/local/iCompute/share/OpenCV/haarcascades/ haarcascade_frontalface_defau – lt. xml,人脸识别模型。

● scaleFactor:表示每次图像尺寸减小的比例,设置为1.5。

● minNeighbors:表示每一个目标至少要被检测到多少次才算是真的目标,设置为5。

操作如图 5.84 所示。

```
#识别面部
path  = '/usr/local/iCompute/share/OpenCV/haarcascades/haarcascade _ frontalface _
default. xml '
```

图5.84 识别面部

```
face_cascade = cv2. CascadeClassifier( path)
face_cascade. load( path)
img = cv2. imread( filename)
gray = cv2. cvtColor( img, cv2. COLOR_BGR2GRAY)
faces = face_cascade. detectMultiScale( gray, scaleFactor = 1.5, minNeighbors = 5)
```

图 5.84 识别面部(续)

④显示并保存图片,操作如图 5.85 所示。识别出的人脸效果如图 5.86 所示。

```
#显示处理过后的图片
for ( x, y, h, w) in faces:
    img2 = cv2. rectangle( img, ( x, y), ( x + w, y + h), (0, 0, 255), 10)
img3 = img2[ :, :, :: -1]
plt. rcParams[ 'figure. figsize '] = (12.0, 10.0)
plt. imshow( img3)
plt. show( )
#保存为本地文件
cv2. imwrite( 'faces. jpg ', img2)
```

图 5.85 显示并保存图片

图 5.86 识别出的人脸

6. 课后习题

(1)题目

现有一张图片,保存在平台"人工智能导论实验/人脸图片数据/face. jpg"中。
图 5.87中所示有四双不同人的眼睛,请使用 OpenCV 读取图片,设置模型分类器路径,
自动识别出图片中的眼睛,用红框框出每双眼睛,并显示经过处理过后的图片。

图5.87 四双不同人眼

计算机视觉参数提示：

①模型分类器路径 path 选择为:/usr/local/iCompute/share/OpenCV/haarcascades/haarcascade_eye. xml。

②scaleFactor 设置为1.3。

③minNeighbors 设置为15。

请根据以上内容写出操作流程,并使实验结果与提供的答案一致。

(2)答案(见图5.88)

图5.88 识别出的人眼

7. 附录

https://blog. csdn. net/jesmine_gu/article/details/80987134(实验代码)

●●●●● 实验11 自然语言处理 ●●●●●

1. 实验目的

①让学生上机操作自然语言处理实验的相关程序。

②加深对自然语言处理的理解。

③增强建立模型与实践操作的能力。

2. 实验介绍

自然语言处理（Natural Language Processing，NLP）是计算机科学领域和人工智能领域中的一个重要方向,它研究的是能实现人与计算机之间用自然语言进行有效通信的各种理论和方法。NLP 的最终目标是使计算机能够像人类一样理解语言。它是虚拟助手、语音识别、情感分析、关键词提取、自动文本摘要、机器翻译等的驱动力。

3. 算法介绍

关键词提取是把文本中包含的信息进行结构化处理,并将提取的信息以统一形式集成在一起,在文献检索、自动文摘、文本聚类/分类等方面有着重要的应用。典型的关键词提取算法有 TF-IDF 算法（实验所用算法）和 TextRank 算法。

（1）TF-IDF 算法介绍

TF-IDF（Term Frequency-Inverse Document Frequency,词频-逆向文件频率）是一种用于信息检索与文本挖掘的常用加权技术。用以评估一字词对于一个文件集或一个语料库中的其中一份文件的重要程度。字词的重要性随着它在文件中出现的次数成正比增加,但同时会随着它在语料库中出现的频率成反比下降。计算公式如下：

$$词频(TF) = \frac{某个词在文章中出现的次数}{文章的总词数}$$

$$逆文档频率(IDF) = \log\left(\frac{语料库的文档总数}{包含该词的文档数 + 1}\right)$$

$$TF\text{-}IDF = 词频(TF) \times 逆文档频率(IDF)$$

（2）TextRank 算法介绍

TextRank 算法的一个重要特点是可以脱离语料库的背景,仅对单篇文档进行分析就可以提取该文档的关键词。基本思想来源于 Google 的 PageRank 算法。这种算法是1997 年,Google 创始人拉里·佩奇和谢尔盖·布林在构建早期的搜索系统原型时提出的一种链接分析算法,基本思想有两条:第一个,一个网页被越多的其他网页链接,说明这个网页越重要;第二个,一个网页被一个越高权值的网页链接,也能表明这个网页越重要。

TextRank 算法流程如下：

①把给定的文本 T 按句子进行分割,即：$T = [S_1, S_2, \cdots, S_m]$,其中 S_i 表示第 i 个句子。

②对于每个句子,进行分词和词性标注处理,并过滤掉停用词,只保留指定词性的单词,如名词、动词、形容词,其中 $t_{i,j}$ 是保留后的候选关键词。假设句子 S_i 中有 n 个单词,则 $S_i = [t_{i,1}, t_{i,2}, \cdots, t_{i,n}]$。

③构建候选关键词图 $G = (V, E)$,其中 V 为节点集,由②生成的候选关键词组成,然后采用共现关系构造任两点之间的边,两个节点之间存在边仅当它们对应的词汇在长度为 K 的窗口中共现,K 表示窗口大小,即最多共现 K 个单词。

④根据以下 TextRank 的公式,迭代传播各节点的权重,直至收敛:

$$WS(V_i) = (1 - d) + d \times \sum_{V_j \in In(V_i)} \frac{w_{ji}}{\sum_{V_k \in Out(V_j)} w_{jk}} WS(V_j)$$

其中,d 为阻尼系数,取值范围为 0 ~ 1,代表从图中某一特定点指向其他任意点的概率,一般取值为 0.85。图中任意两个点 V_j、V_i 之间的权重为 w_{ji}。$In(V_i)$ 为指向点 V_i 的点集合,$Out(V_i)$ 为点 V_i 指向的点集合。

⑤对节点权重进行倒序排序,从而得到最重要的 T 个单词,作为候选关键词。

⑥由⑤得到最重要的 T 个单词,在原始文本中进行标记,若形成相邻词组,则组合成多词关键词。

4. 实验内容

现有金庸先生的《天龙八部》电子文档一本,文档部分内容如图 5.89 所示。

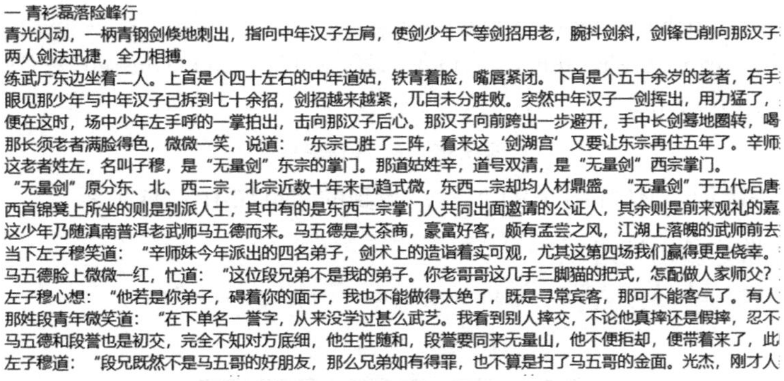
一 青衫磊落险峰行
青光闪动,一柄青钢剑倏地刺出,指向中年汉子左肩,使剑少年不等剑招用老,腕抖剑斜,剑锋已削向那汉子
两人剑法迅捷,全力相搏。
练武厅东边坐着二人。上首是个四十左右的中年道姑,铁青着脸,嘴唇紧闭。下首是个五十余岁的老者,右手
眼见那少年与中年汉子已拆到七十余招,剑招越来越紧,兀自未分胜败。突然中年汉子一剑挥出,用力猛了,
便在这时,场中少年左手呼的一掌拍出,击向那汉子后心。那汉子向前跨出一步避开,手中长剑蓦地圈转,喝
那长须老者满脸得色,微微一笑,说道:“东宗已胜了三阵,看来这‘剑湖宫’又要让东宗再住五年了。辛师
这老者姓左,名叫子穆,是“无量剑”东宗的掌门。那道姑姓辛,道号双清,是“无量剑”西宗掌门。
“无量剑”原分东、北、西三宗,北宗近数十年来已趋式微,东西二宗却均人材鼎盛。“无量剑”于五代后唐
西首锦凳上所坐的则是别派人士,其中有的是东西二宗掌门人共同出面邀请的公证人,其余则是前来观礼的嘉
这少年乃随滇南普洱老武师马五德而来。马五德是大茶商,豪富好客,颇有孟尝之风,江湖上落魄的武师前去
当下左子穆笑道:“辛师妹今年派出的四名弟子,剑术上的造诣着实可观,尤其这第四场我们赢得更是侥幸。
马五德脸上微微一红,忙道:“这位段兄弟不是我的弟子。你老哥哥这几手三脚猫的把式,怎配做人家师父?
左子穆心想:“他若是你弟子,碍着你的面子,我也不能做得太绝了,既是寻常宾客,那可不能客气了。有人
那姓段青年微笑道:“在下单名一誉字,从来没学过甚么武艺。我看到别人摔交,不论他真摔还是假摔,忍不
马五德和段誉也是初交,完全不知对方底细,他生性随和,段誉要同来无量山,他不便拒却,便带着来了,此
左子穆道:“段兄既然不是马五哥的好朋友,那么兄弟如有得罪,也不算是扫了马五哥的金面。光杰,刚才人

图 5.89 《天龙八部》部分电子文档示意图

完整文档保存在平台“人工智能导论实验/天龙八部文本数据/天龙八部.txt”文件中。请用自然语言处理中的 TF-IDF 算法抽取出场次数前 20 的人名。

5. 实验流程

(1)实验步骤

①首先需要调用一些程序,调用 jieba.analyse、numpy 模块。

②读入目录下的文档(天龙八部.txt)。

③使用①中调用的 jieba.analyse 模块对文档进行关键词提取。

④输出关键词。

(2)实验代码

①首先需要调用一些程序,操作如图 5.90 所示。

```
#导入需要的包
import numpy as np
import jieba.analyse
```

图 5.90 调用程序

②读入目录下的文档(天龙八部.txt),操作如图5.91所示。

#读入目录下的文档
file = open('天龙八部.txt',"r",encoding = 'utf − 8')
file_data = str(file.read())

图5.91　读入目录下的文档

③使用①中调用的 jieba. analyse 模块对文档进行关键词提取,操作如图5.92所示。

● topK:表示返回 K 个权重最大的关键词,设置为20。

● withWeight:表示是否输出权重值,设置为 True。

● allowPOS:指定关键词词性,设置为 nr(人名),nr1(汉语姓氏),nr2(汉语名字)。

● extract_way:表示关键词抽取方式,设置为 jieba. analyse. extract_tags,使用 TF-IDF 方式抽取。

#基于 TF-IDF 算法进行关键词抽取
extract_way = jieba. analyse. extract_tags
keywords = extract_way(file_data,topK = 20,withWeight = True,allowPOS = ('nr','nr1','nr2'))

图5.92　关键词提取

④输出关键词,操作如图5.93所示。得到的结果如图5.94所示。

#按权重降序输出词语
sorted(keywords,key = lambda name：name[1],reverse = True)

图5.93　输出关键词

```
('段誉', 0.5715378756859242),
('萧峰', 0.45260623224014895),
('乔峰', 0.3064011278534548),
('慕容复', 0.2955581655664033),
('阿朱', 0.26591551689808257),
('王语嫣', 0.25839528169168885),
('武功', 0.23700326784020231),
('段正淳', 0.2283143408661139),
('木婉清', 0.2210949150679759),
('阿紫', 0.2039487787973982),
('鸠摩智', 0.16965650625624273),
('游坦之', 0.16063222400857025),
('丁春秋', 0.13145371140776255),
('童姥', 0.12062457271055557),
('钟灵', 0.10542211492159932),
('段延庆', 0.09084444129323636),
('乌老大', 0.09084444129323636),
('少林寺', 0.08631785894273061),
('段公子', 0.07640558969696039),
('云中鹤', 0.07505614286268683)]
```

图5.94　《天龙八部》中出现次数前20的人名

6.课后习题

(1)题目

现有金庸先生的《神雕侠侣》电子文档一本,文档部分内容如图5.95所示。

第一回 风月无情
〖"越女采莲秋水畔，窄袖轻罗，暗露双金钏。
照影摘花花似面，芳心只共丝争乱。
鸡尺溪头风浪晚，雾重烟轻，不见来时伴。
隐隐歌声归棹远，离愁引着江南岸。"〗
一阵轻柔婉转的歌声，飘在烟水蒙蒙的湖面上。歌声发自一艘小船之中，船里五个少女和歌嬉笑，荡舟采莲。
时当南宋理宗年间，地处嘉兴南湖。节近中秋，荷叶渐残，莲肉饱实。这一阵歌声传入湖边一个道姑耳中。
那道姑一声长叹，提起左手，瞧着染满了鲜血的手掌，喃喃自语："那又有甚么好笑？小妮子只是瞎唱，浑不
在那道姑身后十余丈处，一个青袍长须的老者也是一直悄立不动，只有当"风月无情人暗换，旧游如梦空肠断"
小船在碧琉璃般的湖面上滑过，舟中五个少女中三人十五六岁上下，另外两个都只九岁。两个幼女是中表之亲，
三个年长少女唱着歌儿，将小舟从荷叶丛中荡将出来。程英道："表妹你瞧，这位老伯伯还在这儿。"说着伸
那人满头乱发，胡须也是蓬蓬松松如刺猬一般，须发油光乌黑，照说年纪不大，可是满脸皱纹深陷，却似七八
陆无双道："这怪人在这儿坐了老半天啦，怎么动也不动？"程英道："别叫怪人，要叫'老伯伯'。你叫他
小舟与那怪客相距数丈，陆无双年纪虽小，手上劲力竟自不弱，这一掷也是甚准。程英叫了声："表妹！"待
程英走到那人身边，拉一拉他衣襟，道："老伯伯，这样不好吃的。"从袋里取出一个莲蓬，劈开莲房，剥出
陆无双一拉程英的手，道："表姊，咱们跟他去。"三个女伴胆小，忙道："快回家去罢，别走远了惹你娘骂。
那怪客走得甚快，见程陆二人脚步小跟随不上，先还停步等了几次，到后来不耐烦起来，突然转身，长臂伸处，
那怪客又奔一阵，将二人放下地来。当地是个坟场。程英的小脸吓成惨白，陆无双却涨得满脸通红。程英道：

图5.95 《神雕侠侣》部分电子文档示意图

完整文档保存在平台"人工智能导论实验/神雕侠侣文本数据/神雕侠侣.txt"中。请读取文档，使用自然语言处理中的关键词提取 TextRank 算法进行关键词提取，抽取出场次数前 20 的人名，并按权重降序输出。请根据以上内容写出操作流程，并使实验结果与提供的答案一致。

自然语言处理实验参数提示：

①返回权重最大的关键词个数 topK 设置为 20。

②输出权重值，withWeight 设置为 True。

③指定关键词词性为人名、汉语姓氏、汉语名字，allowPOS 设置为 nr、nr1、nr2。

④关键词抽取方式 extract_way 设置为 jieba.analyse.textrank，TextRank 方式抽取。

(2)答案(见图5.96)

```
[('小龙女', 1.0),
 ('郭靖', 0.939158356734718),
 ('黄蓉', 0.8432548752102811),
 ('武功', 0.7828249804964308),
 ('李莫愁', 0.6489874958348297),
 ('赵志敬', 0.41989858707294825),
 ('陆无双', 0.4027522944908452),
 ('周伯通', 0.39978788967352025),
 ('郭芙', 0.376853995710454),
 ('耶律齐', 0.29187415367019764),
 ('武氏兄弟', 0.26977008544070713),
 ('程英', 0.25266840680742153),
 ('郭襄', 0.246405451288251),
 ('黄药师', 0.24262502742854 8),
 ('尹志平', 0.23196950105458009),
 ('欧阳锋', 0.21742649512591042),
 ('朱子柳', 0.20801077966831671),
 ('尼摩星', 0.20210110749267218),
 ('武三通', 0.191981630309776 5),
 ('冷笑', 0.1897438963909832)]
```

图5.96 《神雕侠侣》中出现次数前20 的人名

7. 附录

https://blog.csdn.net/u010809474/article/details/80164600(实验代码)。

附录 A

课后习题答案

1. 知识获取之搜索策略

```
from rule import get_actions,get_ManhattanDis,expand,node_sort,get_parent
import numpy as np
goal = {}
openlist = [ ]            #open 表
close = [ ]               #存储扩展的父节点
A = np.array([[0,1],[3,2]]) #初始状态
B = np.array([[2,3],[1,0]]) #目标状态
goal['vec'] = B            #建立矩阵
p = {}
p['vec'] = A
#计算两个矩阵的曼哈顿距离,goal['vec']为目标矩阵,p['vec']为当前矩阵
p['dis'] = get_ManhattanDis(goal['vec'], p['vec'])
p['step'] = 0
p['action'] = get_actions(p['vec']) #根据 num 元素获取 num 在矩阵中的位置
p['parent'] = {}
openlist.append(p)
while openlist:
    children = [ ]
    node = openlist.pop( )   #node 为字典类型,pop 出 open 表的最后一个元素
    close.append(node) #将该元素放入 close 表
    if (node['vec'] == goal['vec']).all( ): #比较当前矩阵和目标矩阵是否相同
        #将结果写入文件    并在控制台输出
        print('路径长:' + str(node['dis']))
        print('解的路径:')
        i = 0
        way = [ ]
        while close:
            way.append(node['vec']) #从最终状态开始依次向上回溯将其父节点存入 way 列表中
```

```
            node = get_parent(node)
            if(node['vec'] == p['vec']).all():
                way.append(node['vec'])
                break
        while way:
            i += 1
            print(str(i))
            print(str(way.pop()))
        break
```

#expand 函数更新该节点的 f 值 f = g + h(step + child[dis])

children = expand(node, node['action'], node['step'], goal['vec']) #如果不是目标矩阵,对当前节点进行扩展,取矩阵的可能转移情况

#print(children)

for child in children: #如果转移之后的节点,既不在 close 表也不再 open 表则插入 open 表,如果在 close 表中则舍弃,如果在 open 表则比较这两个矩阵的 f 值,留小的在 open 表

```
    f,flag,j = False , False ,0
    for i in range(len(openlist)):
        if (child['vec'] == openlist[i]['vec']).all():
            j = i
            flag = True
            break
    for i in range(len(close)):
        if(child['vec'] == close[i]).all():
            f = True
            break
    if f == False and flag == False :
        openlist.append(child)
    elif flag == True:
        if child['dis'] < openlist[j]['dis']:
            del openlist[j]
            openlist.append(child)
openlist = node_sort(openlist)    #对 open 表进行从大到小排序
```

2. 知识获取之推理方法

```
dig(0). dig(1). dig(2). dig(3). dig(4).
dig(5). dig(6). dig(7). dig(8). dig(9).

uniq_d(S,E,N,D,M,O,R,Y) : -
    dig(S), dig(E), dig(N), dig(D), dig(M), dig(O), dig(R), dig(Y),
```

$\backslash + S = E, \backslash + S = N, \backslash + S = D, \backslash + S = M, \backslash + S = O, \backslash + S = R, \backslash + S = Y,$

$\backslash + E = N, \backslash + E = D, \backslash + E = M, \backslash + E = O, \backslash + E = R, \backslash + E = Y,$

$\backslash + N = D, \backslash + N = M, \backslash + N = O, \backslash + N = R, \backslash + N = Y,$

$\backslash + D = M, \backslash + D = O, \backslash + D = R, \backslash + D = Y,$

$\backslash + M = O, \backslash + M = R, \backslash + M = Y,$

$\backslash + O = R, \backslash + O = Y,$

$\backslash + R = Y.$

solve(S, E, N, D, M, O, R, Y) : −

% assert they are uniq digits.

uniq_d(S, E, N, D, M, O, R, Y), S > 0, M > 0,

Y is (D + E) mod 10, C1 is (D + E) // 10, % Y = D + E (integer part), C1 holds the carry to add to N + R

E is (N + R + C1) mod 10, C2 is (N + R + C1) // 10,

N is (E + O + C2) mod 10, C3 is (E + O + C2) // 10,

O is (S + M + C3) mod 10, C4 is (S + M + C3) // 10,

M is C4.

3. 人工神经网络

```
from sklearn import datasets
import numpy as np
from keras. models import Sequential
from keras. layers import Dense
from keras. wrappers. scikit_learn import KerasClassifier
from sklearn. model_selection import cross_val_score
from sklearn. model_selection import KFold
datasets = datasets. load_iris( )

X = datasets. data
Y = datasets. target
print( X. shape)
print( Y. shape)
seed = 7
np. random. seed( seed)
def create_model( optimizer = 'adam ', init = 'glorot_uniform ') :
    model = Sequential( )
    model. add( Dense( units = 4, activation = 'relu ', input_dim = 4, kernel_initializer = init) )
    model. add( Dense( units = 6, activation = 'relu ', kernel_initializer = init) )
    model. add( Dense( units = 3, activation = 'softmax ', kernel_initializer = init) )
    model. compile( loss = 'categorical_crossentropy ', optimizer = optimizer, metrics = [ 'accuracy '] )
```

```
    return model

model = KerasClassifier( build_fn = create_model , epochs = 299 , batch_size = 5 , verbose = 0 )
kflod = KFold( n_splits = 10 , shuffle = True , random_state = seed )
results = cross_val_score( model , X , Y , cv = kflod )
print( 'Accuracy:%. 2f%%  (%. 2f)'% (results. mean( ) * 100 , results. std( ) ) )
```

4. 决策树

```
from sklearn. datasets import load_iris
from sklearn import preprocessing
from sklearn. model_selection import train_test_split
from sklearn. tree import DecisionTreeClassifier
from sklearn. tree import export_graphviz
from sklearn. externals. six import StringIO
import pydotplus
from IPython. display import display , Image

iris = load_iris( )
x = iris. data #数据特征
y = iris. target#数据特征
x_train , x_test , y_train , y_test = train_test_split( x , y , test_size = 0. 2 , random_state = 1 )

scaler = preprocessing. StandardScaler( ). fit( x_train )
x1_train = scaler. transform( x_train )
x1_test = scaler. transform( x_test )

clf = DecisionTreeClassifier( criterion = 'entropy ' )
clf. fit( x_train , y_train )
y_pre = clf. predict( x1_test )
#print( clf. score( x1_test , y_test ) )
#print( y_pre )
dot_data = StringIO( )
export_graphviz( clf , out_file = dot_data ,
                feature_names = iris. feature_names ,
                class_names = iris. target_names ,
                filled = True , rounded = True ,
                special_characters = True )
graph = pydotplus. graph_from_dot_data( dot_data. getvalue( ) )
graph. write_png( 'iris. png ' )
```

```
display(Image(graph. create_png()))
print(x_test[0:3])
print(y_test[0:3])
clf. predict(x_test[0:3])
```

5. 关联学习

(1)实验数据

可从平台获得完整实验数据:人工智能导论实验/观影数据/ movie_dataset. csv。

(2)实验代码

```
import numpy as np
import matplotlib. pyplot as plt
import pandas as pd
from apyori import apriori
movie_data = pd. read_csv('movie_dataset. csv ', header = None)
num_records = len(movie_data)
#print(num_records)
records = []
for i in range(0, num_records):
    records. append([str(movie_data. values[i,j]) for j in range(0, 20)])
association_rules = apriori(records, min_support = 0. 0053, min_confidence = 0. 20, min_lift = 3,
max_length = 2) results = list(association_rules)
lift = []
association = []
for i in range (0, len(results)):
    lift. append(results[ :len(results)][i][2][0][3])
    association. append(list(results[ :len(results)][i][0]))
#构建二维表
rank = pd. DataFrame([association, lift]). T
rank. columns = ['Association ', 'Lift ']
#显示前10个较高的提升度分数对应的数据
rank. sort_values('Lift ', ascending = False). head(10)
```

6. 聚类学习

(1)实验数据

可从平台获得完整实验数据:人工智能导论实验/书本数据/book. csv。

(2)实验代码

```
import numpy as np
from sklearn. cluster import KMeans
import pandas as pd
```

```
import matplotlib.pyplot as plt
# 读取.csv 文件,导入数据集
data = pd.read_csv('book.csv')
score_data = data.values.tolist()
x = np.array(score_data)
plt.scatter(x[:,0], x[:,1], c = "red", marker = 'o', label = 'original')
plt.xlabel('ML')
plt.ylabel('DL')
plt.show()
# 建立 KMeans 模型
estimator = KMeans(init = 'k - means + +', max_iter = 300, n_clusters = 4, n_init = 10, tol = 0.0001) # 构造聚类器
estimator.fit(x) # 聚类
label_pred = estimator.labels_

plt.scatter(x[:,0], x[:,1], c = label_pred, marker = 'o')
plt.xlabel('机器学习')
plt.ylabel('深度学习')
plt.show()
```

7. 强化学习

```
import numpy as np
# Q 矩阵初始化为0
q = np.matrix(np.zeros([9,9]))
# Reward 矩阵为提前定义好的。类似与 HMM 的生成矩阵。 -1 表示无相连接的边
r = np.matrix([[ -1, 0, -1, -1, -1, -1, -1, -1, -1],
               [0, -1, 0, -1, 0, -1, -1, -1, -1],
               [ -1, 0, -1, -1, -1,100, -1, -1, -1],
               [ -1, -1, -1, -1, -1, -1, 0, -1, -1],
               [ -1, 0, -1, -1, -1, -1, -1, 0, -1],
               [ -1, -1, 0, -1, -1,100, -1, -1, -1],
               [ -1, -1, -1, 0, -1, -1, -1, 0, -1],
               [ -1, -1, -1, -1, 0, -1, 0, -1, 0],
               [ -1, -1, -1, -1, -1, -1, -1, 0, -1]])
# hyperparameter
#折扣因子
gamma = 0.8
#是否选择最后策略的概率
epsilon = 0.6
# the main training loop
```

```
for episode in range(101):
    # random initial state
    state = np.random.randint(0, 9)
    # 如果不是最终转态
    while (state != 5):
        # 选择可能的动作
        # Even in random case, we cannot choose actions whose r[state, action] = -1.
        possible_actions = []
        possible_q = []
        for action in range(9):
            if r[state, action] >= 0:
                possible_actions.append(action)
                possible_q.append(q[state, action])
        #print(state, possible_actions)
        # Step next state, here we use epsilon-greedy algorithm.
        action = -1
        if np.random.random() < epsilon:
            # choose random action
            action = possible_actions[np.random.randint(0, len(possible_actions))]
        else:
            # greedy
            action = possible_actions[np.argmax(possible_q)]

        # Update Q value
        #print(q[action])
        q[state, action] = r[state, action] + gamma * q[action].max()
        state = action
    # Display training progress
    if episode % 10 == 0:
        print("--------------------------------------------------")
        print("Training episode: %d" % episode)
        print(q)
```

8. 深度学习

```
#! /usr/bin/env Python
# -*- coding: utf-8 -*-
import tensorflow as tf
import tensorflow.examples.tutorials.mnist.input_data as input_data
mnist = input_data.read_data_sets("MNIST_data", one_hot=True)
sess = tf.InteractiveSession()
```

```
x = tf. placeholder("float", shape = [None, 784])
y_ = tf. placeholder("float", shape = [None, 10])
def weight_variable(shape):
    initial = tf. truncated_normal(shape, stddev = 0.1)
    return tf. Variable(initial)
def bias_variable(shape):
    initial = tf. constant(0.1, shape = shape)
    return tf. Variable(initial)
def conv2d(x, w):
    return tf. nn. conv2d(x, w, strides = [1, 1, 1, 1], padding = 'SAME')
def max_pool_2x2(x):
    return tf. nn. max_pool(x, ksize = [1, 2, 2, 1], strides = [1, 2, 2, 1], padding = 'SAME')
W_conv1 = weight_variable([5, 5, 1, 32])
b_conv1 = bias_variable([32])
x_image = tf. reshape(x, [-1,28,28,1])
h_conv1 = tf. nn. relu(conv2d(x_image, W_conv1) + b_conv1)
h_pool1 = max_pool_2x2(h_conv1)
W_conv2 = weight_variable([5, 5, 32, 64])
b_conv2 = bias_variable([64])
h_conv2 = tf. nn. relu(conv2d(h_pool1, W_conv2) + b_conv2)
h_pool2 = max_pool_2x2(h_conv2)
W_fc1 = weight_variable([7 * 7 * 64, 1024])
b_fc1 = bias_variable([1024])
h_pool2_flat = tf. reshape(h_pool2, [-1, 7 * 7 * 64])
h_fc1 = tf. nn. relu(tf. matmul(h_pool2_flat, W_fc1) + b_fc1)
keep_prob = tf. placeholder("float")
h_fc1_drop = tf. nn. dropout(h_fc1, keep_prob)
W_fc2 = weight_variable([1024, 10])
b_fc2 = bias_variable([10])
y_conv = tf. nn. softmax(tf. matmul(h_fc1_drop, W_fc2) + b_fc2)
cross_entropy = - tf. reduce_sum(y_ * tf. log(y_conv))
train_step = tf. train. AdamOptimizer(1e - 4). minimize(cross_entropy)
correct_prediction = tf. equal(tf. argmax(y_conv,1), tf. argmax(y_,1))
accuracy = tf. reduce_mean(tf. cast(correct_prediction, "float"))
sess. run(tf. global_variables_initializer())
print("start")
for i in range(201):
    batch = mnist. train. next_batch(50)
    if i % 50 == 0:
        train_accuracy = accuracy. eval(feed_dict = {x:batch[0], y_: batch[1], keep_prob: 1.0})
```

```
            print("step % d, training accuracy % g"%(i, train_accuracy))

        train_step.run(feed_dict = {x: batch[0], y_: batch[1], keep_prob: 0.5})
print("cf accuracy % g"% accuracy.eval(feed_dict = {x: mnist.test.images, y_: mnist.test.labels,
keep_prob: 1.0}))
! rm - fr ./MNIST_data
```

9. 知识图谱

（1）实验数据

可从平台获得完整实验数据：人工智能导论实验/神雕侠侣人物数据/神雕侠
侣.csv。

（2）实验代码

```
import matplotlib.pyplot as plt
import networkx as nx
import pandas as pd
data = pd.read_csv('神雕侠侣.csv', encoding = "gbk")
SVOs = data.values.tolist()
fig = plt.figure(figsize = (12,8),dpi = 100)
g_nx = nx.DiGraph()
labels = {}
for subj, pred, obj in SVOs:
    g_nx.add_edge(subj,obj)
    labels[(subj,obj)] = pred
pos = nx.spring_layout(g_nx)
nx.draw_networkx_nodes(g_nx, pos, node_size = 300)
nx.draw_networkx_edges(g_nx,pos,width = 5)
nx.draw_networkx_labels(g_nx,pos,font_size = 10,font_family = 'sans - serif')
nx.draw_networkx_edge_labels(g_nx, pos, labels, font_size = 10, font_family = 'sans - serif')
plt.axis("off")
plt.show()
```

10. 计算机视觉

（1）实验数据

可从平台获得完整实验数据：人工智能导论实验/人脸图片数据/face.jpg。

（2）实验代码

```
import matplotlib.pyplot as plt
import cv2
filename = 'face.jpg'
image = cv2.imread(filename)
```

```
img2 = image[ :,:,:: -1]  # 必须为 :: -1

plt. rcParams[ 'figure. figsize '] = (12.0, 10.0)
plt. imshow( img2)
plt. show( )

path = '/usr/local/iCompute/share/OpenCV/haarcascades/haarcascade_eye. xml '
eye_cascade = cv2. CascadeClassifier( path)
eye_cascade. load( path)

img = cv2. imread( filename)
gray = cv2. cvtColor( img,cv2. COLOR_BGR2GRAY)

eye = eye_cascade. detectMultiScale( gray,scaleFactor = 1. 3,minNeighbors = 15)
for ( x,y,h,w)  in eye：
    img2 = cv2. rectangle( img,( x,y),( x + w,y + h),( 0,0,255),10)

img3 = img2[ :,:,:: -1]
plt. rcParams[ 'figure. figsize ']  = (12.0, 10.0)
plt. imshow( img3)
plt. show( )

cv2. imwrite( 'eye. jpg ',img2)
```

11. 自然语言处理
（1）实验数据

可从平台获得完整实验数据：人工智能导论实验/神雕侠侣文本数据/神雕侠侣. txt。

（2）实验代码

```
import numpy as np
import jieba. analyse
file = open( '神雕侠侣. txt ',"r",encoding = 'utf -8 ')
file_data = str( file. read( ))
extract_way = jieba. analyse. textrank
keywords = extract_way( file_data,topK =20,withWeight = True,allowPOS = ( 'nr ','nr1 ','nr2 '))
print( sorted( keywords, key = lambda name：name[ 1 ],reverse = True))
```

附录 B

实验平台安装指南

1. 服务器配置要求

(1) 服务器标准配置(见图 B.1)

节点	配置				
	操作系统	CPU(core)	MEM(GB)	GPU	DISK
服务器 1	Centos 7.6	32	64	—	① Intel 400 GB SATA 6Gbit/s 企业级 SSD(系统盘、安装包); ② SSD 600 GB (存放 Docker)
服务器 2	Centos 7.6	128	256	Nvidia 2080Ti * 8	① Intel 50GB SATA 6Gbit/s 企业级 SSD(系统盘); ② Intel 600GB SATA 6Gbit/s 企业级 SSD(存放 Docker); ③ SATA 企业级硬盘 HDD 总容量1T(块数不限)(CEPH 分布式文件系统)

图 B.1

(2) CPU 支持 AVX2 指令集

2. 部署前准备

(1) 安装操作系统

安装 Centos7 的操作系统。

(2) 安装包准备(见图 B.2)

```
rsync – avP iDiscovery – 2019 – 10 – 15. tar root@ app_ip:/path/to/deploy
tar – xf iDiscovery – 2019 – 10 – 15. tar
```

图 B.2

3. 部署平台

(1) 安装 iManager

由于平台利用 iManager 进行图形化安装,因此,先安装 iManager(见图 B.3)。

```
cd /path/to/deploy/iDiscovery - 2019 - 10 - 15
./iDiscovery init
```

图　B.3

iManager 链接为：http://app_ip：81。

（2）iManager 安装系统

登录系统后展示的页面如图 B.4 所示。单击"点击前往"按钮开始进行系统安装。

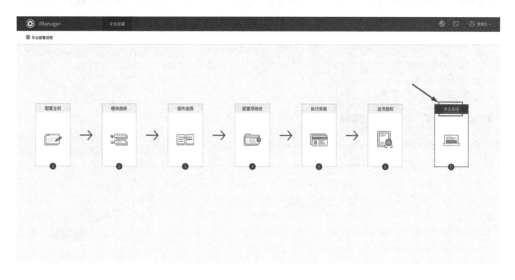

图　B.4

（3）配置主机

如图 B.5 所示，展示主机配置页面，并进行以下操作。

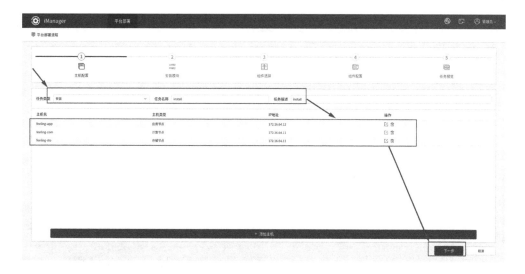

图　B.5

①填写任务名称、任务描述。

②单击"添加主机",系统右侧弹出添加主机信息页面,并配置主机信息。所有主机信息配置完成后,单击"下一步"按钮。

(4)选择安装模块

如图 B.6 所示,选择待安装的模块,并单击"下一步"按钮。

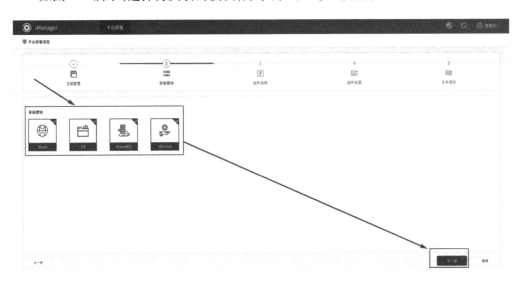

图　B.6

(5)选择组件(见图 B.7)

通过拖、拉或双击组件进行选择(系统会自动添加依赖组件),并单点击"下一步"按钮。

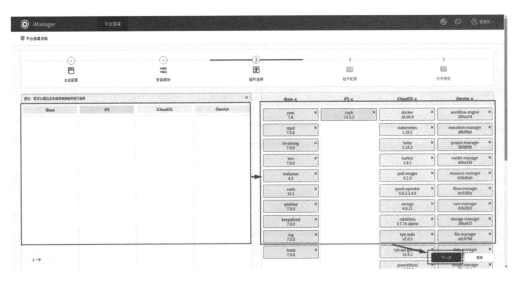

图　B.7

（6）配置组件

如图 B.8 所示，进入组件配置页面。单击"齿轮"小图标进行配置，需要对 lvm、ceph、kubernetes、alertmanager 组件进行配置。

图　B.8

（7）预览任务

查看此次安装任务的详情，确认无误后单击"完成"按钮进入安装界面（见图 B.9）。

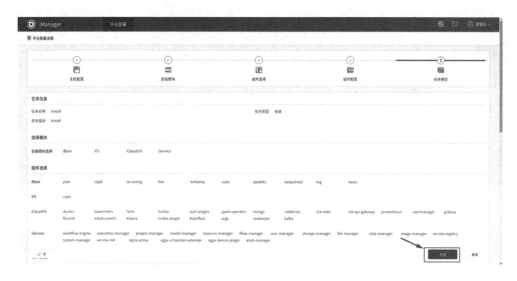

图　B.9

（8）执行部署

单击"开始安装"按钮，则会在"日志输出"中显示安装日志（见图 B.10）。

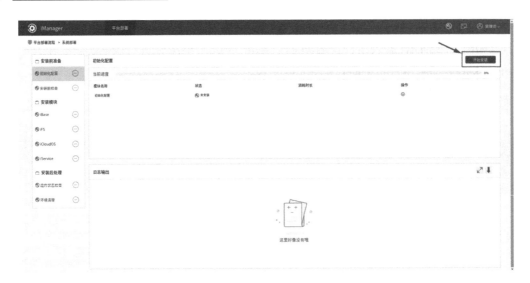

图　B.10

（9）安装完成

成功安装后，界面如图 B.11 所示。

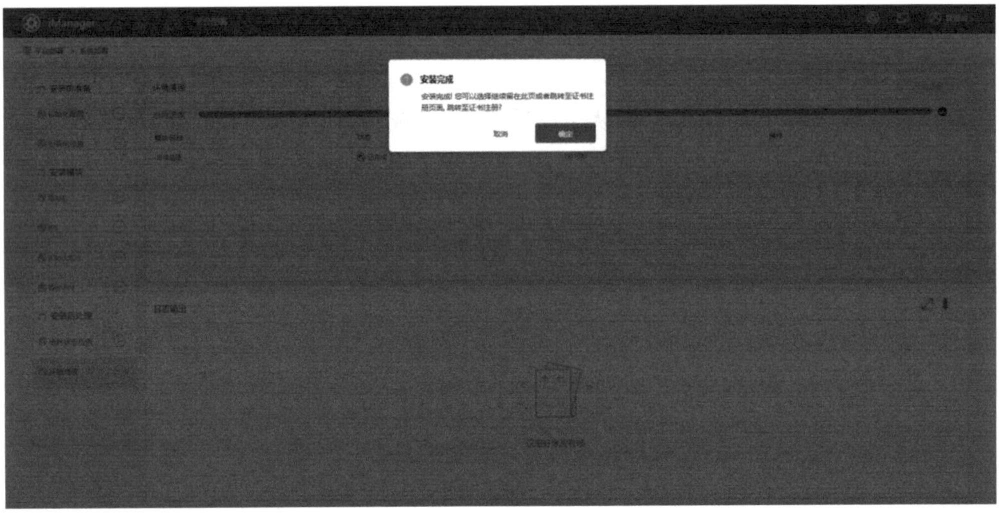

图　B.11

参 考 文 献

[1]徐洁磐.人工智能导论[M].北京:中国铁道出版社有限公司,2019.

[2]毗湿奴.PyTorch 深度学习[M].王海玲,刘江峰,译.北京:人民邮电出版社,2019.

[3]李德毅.人工智能导论[M].北京:中国科学技术出版社,2018.

[4]安德烈亚斯,萨拉.Python 机器学习基础教程[M].张亮,译.北京:人民邮电出版社,2018.

[5]马格努斯.Python 基础教程[M].袁国忠,译.北京:人民邮电出版社,2018.

[6]奥雷利安.机器学习实战:基于 Scikit-Learn 和 TensorFlow[M].王静源,贾玮,译.北京:机械工业出版社,2018.

[7]黄永昌.Scikit-learn 机器学习[M].北京:机械工业出版社,2018.

[8]薛云峰.深度学习实践:基于 Caffe 的解析[M].北京:机械工业出版社,2018.

[9]安东尼奥,苏伊特.Keras 深度学习实战[M].王海玲,李昉,译.北京:人民邮电出版社,2018.

[10]斋藤康毅.深度学习入门:基于 Python 的理论与实现[M].陆宇杰,译.北京:人民邮电出版社,2018.

[11]王万良.人工智能导论[M].4 版.北京:高等教育出版社,2017.

[12]才云科技 Caicloud,郑泽宇,顾思宇.TensorFlow:实战 Google 深度学习框架[M].北京:电子工业出版社,2017.

[13]周志华.机器学习[M].北京:清华大学出版社,2016.

[14]埃里克.Python 编程从入门到实践[M].袁国忠,译.北京:人民邮电出版社,2016.

[15]蒋子阳.TensorFlow 深度学习算法原理与编程实战[M].北京:中国水利水电出版社,2019.